清代河務檔案

QINGDAI HEWU DANG'AN

《清代河務檔案》編寫組 編

9

广西师范大学出版社
GUANGXI NORMAL UNIVERSITY PRESS
·桂林·

第九册目録

山東河工保案

光緒二十八年九月選司付送

兩江股

光緒十一年至十四年分

山東河工保案

山東河防總局錄送

元字弍號

光緒拾壹年分接奉　部文案件清冊

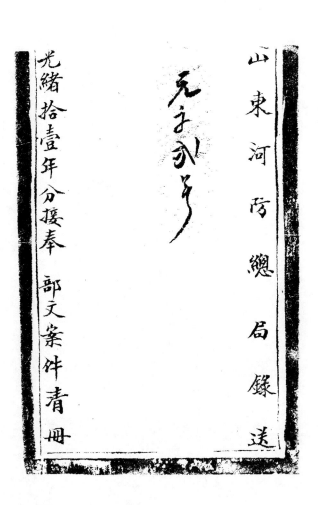

正月

兵部咨粘單內開

兵部為欽奉事職方司案呈謹

奏內閣抄出山東巡撫陳 片奏前因堵築十四戶等工決口奏請將尤為出力文武官紳分別獎叙嗣准兵部議覆以付將黃金德等所保提督銜總兵簡放均與定章不符應令另核請獎等因臣 部臣慎重保舉綜核名實臣 亦何敢多賣惟查東省督辦十四戶卞家庄小李家庄等處河工照常出力

之官紳若不准其奬叙恐無以責後効力而勵將
來懇請仍照原保給奬再季榮甲係衛守備銜原
保衛守備係屬錯悮等因光緒十年十一月十一日
軍機大臣奉
旨該部議奏單併發欽此欽遵到部　除文職應由吏
部辦理外單開擬兵衛補用副將黃金得請仍照
原保以總兵
記名簡放並加提督銜總兵用臨清協副將萬年清總兵
用借補青州協副將黄兆昇均請仍照原保以總兵

遇缺
簡放補用副將趙得華請仍照原保以總兵
簡放　臣　等復查此案山東河工出力各員雖照異常勞
績請獎惟究非軍營戰功所保提督銜總兵用仍
未便照准其李榮甲由衛守備虛銜遽保衛守備
並未聲明有無千把以下實階係屬照銜請獎亦
與定章不符均仍令該撫另核請獎俾昭核實再
黃兆昇　臣　部官冊內係青州營叅將且該營亦無
副將員缺並令該撫查明更正理合附片陳明謹

奏等因光緒十年十二月二十五日具奏本日奉
旨依議欽此相應由驛行文該撫欽遵查照可也須至咨者

六月

兵部咨粘單內開

一件准山東巡撫陳　咨稱東省本年堵築利津十四戶卞家莊等處決口尤為出力文武官紳業經奏請獎勵在案查其餘弁勇人等堵築比口均屬胼胝經營履危蹈險不辭勞瘁亦應酌給獎勵以昭激勸擬合粘開清單咨部查照按擬給獎並據單開儘先把總張得成蕭書琴張元泰鞏以德聶萬東張連陞范文志均請以千

揔儘先補用儘先外委徐正誠唐德超黄連魁黄
標米振元王正存武生全恩洛均請以把揔儘先
補用武生馬駿良紀掄元軍功張福泰全勝鈔方
瑞盛得功張得功黑鴻陞均請以經制外委儘先補
用軍功蔣保玉黄玉山王立勲顧秀林劉萬青王
榮德程通古宋葆純韓凌霄李長勝張永良林
中青耿來玉賀世賢李全義蔣玉升韓廷泰符
春魁周玉勝常金昌周慶禮楊發盛張永儉孫
連魁雲保安龐照蘭范照文馬駿善薛先魁張

毓齡黑鴻舉李朝佐李朝儀馬慶成張德全六品
軍功朱樹清鄭守義尤光柱劉應德龍楊軒董正
楊張貴山陳大才孫冠軍均請以外委儘先拔補已
革武定營雲化汎經制外委張榮慶請開復原職
仍留原標效用等因前來除儘先把總張得成翟以
德聶萬東張連陞四弁前將將職名報部立案今
請以千總儘先補用核與定章相符應行照准仍
飭取該弁等出身履歷送部查核註冊外查請以
千總儘先補用儘先把總蕭書琴前送立案單內

係蕭雲琴是否其人因何舛錯應令查明至請
保千總張元泰范文志請保把總之徐正誠唐德超
黃連魁黃標米振元王正存全忠洛請保外委之馬
駿良紀掄元張福泰全勝鈔方瑞盛德功張得功黑鴻
昇蔣保玉黃玉山王立勳顧秀林劉萬青王榮德程通
古宋蓀純韓凌霄李長勝張永良林中青耿來玉
賀世賢李全義蔣玉升韓廷泰符春魁周玉勝常
金昌周慶禮楊發盛張永儉孫連魁雲保安龐照蘭
范照文馬駿善薛先魁張毓齡黑鴻舉李朝佐李朝

儀馬慶成張德全朱樹清鄭守義尤光柱劉
應德龍揚軒董正揚張貴山陳大才孫冠軍
開復外委原職之張榮慶前次咨部立案單
內均無其名現在遽行保奬核與原案不符
碍難率准相應咨行該撫查照可也

九月

兵部咨職方司案呈據内閣抄出山東巡撫陳　奏秋汛
大漲上游埝堤漫決數處現在籌辦賑撫大概情形等
因一摺光緒十一年七月二十七日内閣奉
上諭陳　奏秋汛大漲上游埝堤漫決現籌賑撫情形一摺本
年六七月間山東黄河因雨盛漲長清縣之趙王河大堤
大碼頭民埝刷開口門約寬十餘丈數十丈不等其王
苻河民埝亦因山水冲決並有淹斃人口情事覽奏殊堪
軫念即著陳　委員馳往查勘赶緊籌欵將被災户

口分別賑撫一面將未經搶築各口迅速堵合毋稍延玩
長清縣知縣蘇杰著革職留任候補遊擊戴守禮
著革職仍留防所以觀後効本年下游決口尚未堵合
兹上游又多開決陳　督辦無方實難辭咎著交部
議處欽此欽遵到部　除候補遊擊戴守禮革職仍
留防所註冊外相應恭錄
諭旨咨行該撫欽遵查照可也又於八月二十五日准
吏部咨考功司案呈內閣抄出光緒十一年七月二十七
日奉

上諭陳　奏秋汛大漲上游埝堤漫決現籌賑撫情形一摺
本年六七月間山東黃河因雨盛漲長清縣之趙王河
大堤大碼頭民埝刷開口門約寬十餘丈數十丈不等
其玉符河民埝亦因山水冲決並有淹斃人口情事覽
奏殊堪軫念即著陳　委員馳往查勘赶緊籌辦將
被災戶口分別賑撫一面將未經搶築各口迅速堵合毋
稍延玩長清縣知縣蘇杰著革職留任候補遊擊戴
守禮著革職仍留防所以觀後効本年下游決口尚未
堵合茲上游又多開決陳　督辦無方實難辭咎著

交部議處欽此欽遵抄出到部 除陳、議處之處
另行辦理外相應恭錄
諭旨知照山東巡撫欽遵辦理可也各等因到本部院准此
除分行外合就檄行為此仰局官吏即便欽遵查
照毋違

光緒貳拾捌年捌月

日

山東河防總局錄送

元字號

光緒拾貳年分接奉 部文案件清冊

五月

兵部咨職方司案呈據內閣抄出山東巡撫陳　奏桃
汛盛漲民埝大堤以次漫決現在分別籌辦情形等因
一摺光緒十二年三月二十八日內閣奉
上諭陳　奏桃汛盛漲民埝大隄漫決分別籌辦情形一摺本
年三月初間山東黃河水勢盛漲章邱濟陽惠民等
縣民埝大隄先後漫溢決口多處雖將吳家寨安家廟
兩處搶堵而王家圈桃家口等處口門甚寬被淹甚廣
該省頻年疊遭水患朝廷軫念災區時深廑系此次

隄埝復被沖決小民蕩析離居實堪憫惻前曾特降
諭旨截留山東新漕粟米六萬石此時恐又不敷散放
著再加恩截留新漕四萬石並隨漕輕賫等項銀兩
一併散放以資賑濟該撫迅速查明被災處所派員分
途辦賑並飭各州縣清查户口均勻散給務使實惠普
霑毋稍弊混陳士杰疏於防範咎無可辭著革職
留任署惠民縣知縣沈世銓著摘去頂戴仍留署任
候補副將陳長發著革職留工以示懲儆除著照所議
辦理該部知道欽此欽遵到部 除候補副將陳長發革

職留工註冊外相應恭錄
諭旨咨行該撫欽遵查照可也又於二十四日准 吏部 咨考
功司案呈內閣抄出光緒十二年三月二十八日奉
上諭陳 奏桃汛盛漲民埝大隄漫決分別籌辦情形一摺
本年三月初間山東黃河水勢盛漲章邱濟陽惠民
等縣民埝大隄先後漫溢決口多處雖將吳家寨安
家廟兩處搶堵而王家圈桃家口等處口門甚寬被淹
甚廣該省頻年迭遭水患朝廷軫念災區時深厪
系此次隄埝復被沖決小民蕩析離居實堪憫惻前

曾特降諭旨截留山東新漕粟米六萬石此時恐又
不敷散放著再加恩截留新漕四萬石並隨漕輕賫
等項銀兩一併散放以資賑濟該撫迅速查明被災處
所派員分途辦賑並飭各州縣清查戶口均勻散給務
使實惠普霑毋稍弊混陳士杰疏於防範咎無可辭
著革職留任署惠民縣知縣沈世銓著摘去頂戴仍
留署任候補副將陳長發著革職留工以示懲儆
除著照所議辦理該部知道欽此欽遵到部相
應恭錄

諭旨知照山東巡撫欽遵辦理可也等因到本部院准此合
就檄行為此仰局官吏即便欽遵查照辦理毋違

八月

兵部咨職方司案呈據軍機處交出七月初六日奉
上諭張曜奏山東黃河伏汛漫口一摺本年六月間趙莊河套
圈兩處堤埝同時漫決衝刷口門甚寬修防不力之總
兵陳榮耀著即革職仍着張曜察看如不得力毋庸
留工副將張永洪參將張福興均著摘去頂戴以示懲儆欽
此欽遵到部除總兵陳榮耀革職副將張永洪參將張
福興摘去頂戴均註冊外相應恭錄
諭旨由驛咨行山東巡撫欽遵查照可也等因到本部院准此合就

檄行為此仰局官吏即便欽遵移行查照毋違

十月

兵部咨粘單內開

兵部為咨行事職方司案呈據內閣抄出山東巡撫陳　片奏光緒九年興築長堤之時因齊河濱州兩處辦理遲延奏請將候補副將張文彩革職留工効力候補遊擊萬得勝齊河縣知縣王敬勲濱州知州陳奏勲即用知縣何粹然均摘去頂帶又十年因齊河縣決口冲刷大隄奏請將王敬勲革職留任十一年因章邱百姓偷掘毛家店大隄奏請將章邱

縣知縣喬有年革職留任在案查長堤早經完
工齊河李家岸決口於上年春間堵合正在補築
大隄旋因趙莊開決未能竣事現在趙庄已堵大
隄決口經臣嚴飭赶辦照例賠修章邱毛家店大
隄則於上年六月業經堵合其續因溜溝漫水冲
決之郭塚寨大隄現在已斷流不日亦可補完自
應開復以昭激勸懇將張文彩原參革職留工
萬得勝王敬勲陳奏勲何粹然原參摘去頂帶
並王敬勲喬有年原參革職留任各處分均予

開復免其送部引
見等因光緒十二年三月初九日軍機大臣奉
旨著照所請該部知道欽此欽遵到部 除文職應由
吏部辦理應將候補副將張文彩開復革職
留工處分候補遊擊萬得勝開復頂帶註冊外
相應恭錄
諭旨咨行該撫欽遵查照可也須至咨者

十二月

兵部咨粘单内開

謹將東省歴次堵築决口大工保奬異常出力各員

按照定章分別准駁繕具清單恭呈

御覧

計開

儘先叅將戴守禮請免補叅將以副將儘先補用

副將銜候補叅將馮正勝馮友久請俟補缺後以副將儘

先補用馮正勝並加總兵銜

儘先都司閆得勝沙明亮楊傳斌陸崑馬崇阿程
朝珠李聯功郝鳳鳴張玉忠均請免補本班以
遊擊儘先補用閆得勝馬崇阿並加副將銜
藍翎副將銜儘先遊擊劉長松請免補遊擊以叅
將儘先補用並換花翎
儘先千總彭全福陳貴成楊春貴吳志宏張萬順李
從政詹登瀛李連秀均請免補本班以守備留東
儘先補用並加都司銜
儘先守備杜榮福楊文煥程永發馮玉林陳開勲王雲

亭周鴻書尹楚南吳玉崑桂成鵬黃金昌楊秉譙
李福興均請免補本班以都司儘先補用
副將銜花翎儘先遊擊陳文富鄭先勝儘先遊擊
楊洪發朱華林黃連元韓元昌滕玉龍夏錫純均
請免補遊擊以叅將儘先補
遊擊銜儘先都司王祺華查金龍劉清溪胡楊仁
李春意羅福德陳升溢李榮慶均請免補本班
以遊擊儘先補用
儘先都司陳貽璿請加遊擊銜

儘先遊擊陳雍剛請免補本班以叅將補用並加
副將銜
湖南儘先都司雲騎尉世職劉耀遠請免補都
司以遊擊留東儘先補用俟補守備馬隆祿請
俟補缺後以都司儘先補用
儘先都司韓友倫請免補都司以遊擊儘先補用
儘先千總孫鳳章宋連雲吴東勲謝得勝李連元
石萬勝劉建政黄春懷何貴勝李大奎廖榮華
李月德何蘭芳孫廣明均請免補本班以守備儘

先補用
以上各員所保官階銜翎均與定章及奏准成案
相符應請照准
遊擊用儘先守備曲廷貴請免補守備以遊擊儘先
補用
查該員前於歸綏防剿出力案內由守備保奬俟
補守備後以都司儘先補用續於山東十四戶等處
河工合龍出力案内保奬免補都司以遊擊儘先補
用均經核准此次保請免補守備仍以遊擊儘先補

用核與定章及奏准成案相符應請照准
提督銜留東補用總兵陳榮耀請以提督記名簡放儘
先副將陳長發請免補副將以總兵記名簡放
查該員等雖在河工異常出力究非軍營戰功可
比所保提督總兵與定章不符應照章改為議叙
加一級惟查陳榮耀復因修防不力經山東撫臣張曜
叅奏陳長發因堤埝漫決經前山東撫臣陳士杰
叅奏均奉
旨革職該二員此案所請獎勵應毋庸議

總兵銜留東補用副將景天榜張永洪均請免補
副將以總兵記名簡放景天榜並加提督銜
又該撫片奏内稱記名提督周禮濂堵築李家岸
陳家林大工甚為出力又記名提督王衍慶在溢溝
工次挑挖引河並搶築壩頭晝夜弗懈均請交軍
機處存記遇有提督缺出開列在前請
旨簡放又總兵用儘先副將黃金得堵築十四户大工案内
保請免補副將以總兵記名簡放並加提督銜經
部議駁另核請獎惟查該副將歷年辦理河工

堵築決口出力甚多去歲李家岸及滏溝兩處口
門勞績最著懇請准其免補副將以總兵遇缺
簡放並加提督銜
以上五員雖在河工異常出力究非軍營戰功
可比所保提督總兵及提督銜均與定章不符
應照章改為議敘各給加一級
前儘先都司借補萊州營守備降補千總孫鳳雲
請開復都司原班免繳捐復銀兩
查該員前在萊州營守備任內因弓馬生踈奏叅

以千總降補此次出力應准其開復都司原班
仍應照章完繳捐復銀兩給咨送部引
見後方准補用
以上照准改獎開復各員均飭取出身履歷註明
三代送部查核註冊
遊擊銜儘先都司鍾仕杰請免補本班以遊擊儘
先補用
查該員銜名並未先行咨部立案所請獎勵
應毋庸議

兵部謹
奏為遵
旨議奏事內閣抄出前任山東巡撫陳　奏連年以來堵
築大小各口至三十餘處之多用欵僅一百三十餘萬
金皆由各官紳等寔力同心用能工堅費省力挽
河防積習所有在工各員弁擇其辦工最久異
常出力者酌擬奬叙分繕清单懇照九年奏准
異常勞績分別給奬以示鼓勵等因一摺又片奏
記名提督周禮濂樸勇耐勞上年堵築李家岸

陳家林大工甚為得力又記名提督王衍慶在潘溝
工次挑挖引河並搶築壩頭晝夜弗懈現在全工告
竣該二員自應酌給獎勵擬請交軍機處存記遇
有提督缺出開列在前請
旨簡放又總兵用儘先副將黃金得十年堵築十四戶大
工案內奏請免補副將以總兵記名簡放並加提
督銜嗣經部駁惟查該副將歷年辦理河工堵築
決口出力甚多去歲李家岸及潘溝兩處口門勞績
尤著應懇准其免補副將以總兵遇缺

簡放並加提督銜以照激勸等因光緒十二年二月初二日
軍機大臣奉
旨該部議奏單二件片一件併發欽此欽遵到部 除文
職應由吏部辦理外查此案山東河工出力人員前
據該前撫陳 奏稱所派員弁紳士日與夫役為伍
奔走泥淖中勤勞況瘁實異尋常請於事竣
後照異常勞績保獎當經臣部會同吏部核議
以此次山東修築長隄開通河道事屬經始自與
尋常防汛不同應請准於工竣之日照異常勞績

擇尤請獎並將所派各員弁紳士姓名先行咨
部備案此係創舉要工故准從優保獎嗣後該
省續辦工程概不得援照辦理以示限制奏准
在案今東省歷次堵築大工異常出力員弁據
該前撫閻單奏請獎勵欽奉
諭旨交部議奏臣等謹按定章悉心核議分別准駁繕
具清單恭呈
御覽嗣後該省修築長隄各工應俟全工報竣後再行奏
獎不得分次獎敘如另有堵口挑濬各項工程保獎

均不得援此為例以示限制而符原案所有議奏緣
由是否有當伏乞
聖鑒訓示遵行謹
奏請
旨光緒十二年八月初八日具奏奉
旨依議欽此

光緒貳拾捌年捌月

日

山東河防總局録送

元字號

光緒拾叁年分接奉　部文案件清冊

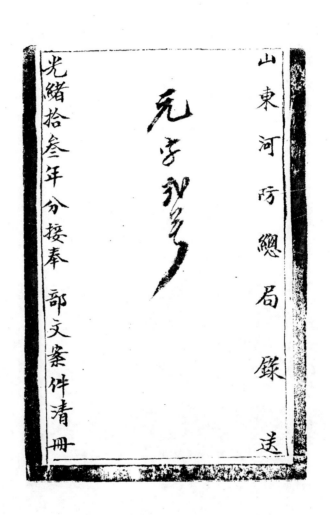

正月

兵部咨職方司案呈據内閣抄出山東巡撫張　奏歷城
縣境河套圈口門堵築合龍道員趙國華叅將張福
興副將景天榜等督工迅速此外文武員弁均能奮勉
從公不避艱險洵屬異常出力惟叅將張福興前因河
套圈漫口奏叅摘去頂戴現該叅將丁憂請假回籍此
次辦理合龍工程尤為出力可否
賞還頂戴出自
恩施其道員趙國華等及在事出力員弁擬俟桃家口合龍彙

案擇尤請獎等因一摺光緒十二年十一月十八日軍机大臣奉
旨知道了張福興著賞還頂戴趙國華等及在事出力員
弁著准其彙案擇尤保獎毋許冒濫該部知道欽此
欽遵到部除咨將張福興給還頂戴註冊外相應恭錄
諭旨咨行該撫欽遵查照可也等因到本部院准此合就檄行
為此仰局官吏即便欽遵查照毋違

三月
兵部咨粘单内開
謹將黄河上游伏秋大汛搶辦險工保奬出力各員按
照定章分别准駁繕具清单恭呈
御覽
計開
千總呂得勝請以守備儘先補用並加都司銜
該員除請都司銜照准外其所請免補儘先班次核
與定章不符應改為俟補千總後以守備補用
都司銜儘先守備錢世福陳朝發均請以都司儘先補用

並加遊擊銜
該二員所請免補儘先班次並超越請銜均與定章
不符應改為俟補守備後以都司補用並俟補都司
後再加遊擊銜
都司用補用守備劉福寶請以都司儘先補用並加遊擊
銜該員所請免補及儘先班次核與定章不符應請撤
銷改為俟補都司後再加遊擊銜
守備用補用千總宿延慶請以守備儘先補用並加都司銜
千總用把總秦英發溫述培王春高均請以千總儘先拔補

並加守備銜
以上四員所請免補儘先班次均與定章不符除宿延
慶請加都司銜秦英發温述培王春高請加守備銜照
准外其所請守備千總官階及儘先班次均請撤銷仍
飭取該員等出身履歷註明三代送部查核註冊

兵部謹
奏為查明具奏事內閣抄出光緒十二年十一月十八日奉
上諭張　奏黃河上游搶辦穩固懇頒藏香匾額並請獎
出力武弁一摺山東黃河上游工段本年夏秋以來連遇大

雨險工迭出人力幾於難施
金龍四大王粟大王均著靈應化險為平工程得以及時
搶護現在節逾立冬南北兩岸一律穩固仰賴
神靈庇佑寅感寔深著發去大藏香十枝並著南書房
翰林恭書匾額各一方交張 祇領敬謹分詣祀謝懸掛
以答神庥在事尤為出力之守備劉福寶錢世福陳朝
發均著以都司儘先補用並加遊擊銜千總宿延慶
呂得勝均著以守備儘先補用並加都司銜把總秦
英發溫述培王春高均著以千總儘先拔補並加守備

銜餘著照所議辦理該部知道欽此欽遵到部

除先經恭錄

諭旨咨行該撫欽遵外查此案黃河上游伏秋大汛搶辦險工出

力各員據該撫奏請獎勵臣等謹按定章分別准駁繕

具清单恭呈

御覽所有查明具奏緣由是否有當伏乞

聖鑒訓示遵行謹

奏請

旨於光緒十三年二月十一日具奏奉

旨依議欽此

十月

兵部咨職方司案呈准山東巡撫張　咨稱案准部咨議覆東省歷年堵築決口出力弁勇人等咨獎一案查單開儘先把揔劉振央經制外委葉雲升張兆林高興昌馬凌雲伍什長宋得貴平日辦工均尚得力合將各弁出身履歷造冊分別改獎相應咨部查照核覆等因前來查冊開葉雲升張兆林高興昌馬凌雲均由軍功保獎以外委儘先拔補於歷城潘溝合龍案內均請咨保把總本部檢查該弁等前保

把總之案行查底銜是否寔缺外委今據聲稱係儘
先外委所有把總之案均應改為俟補外委後以把總
拔補又劉振興冊開由單功保獎以外委儘先拔補於
菏澤賈莊堵口大工案內准部核獎俟補外委後以把
總儘先拔補嗣於溢滿合龍案內誤開儘先把總底銜
保免補把總以千總儘先拔補現核獎劄寔係補外委
後以把總儘先拔補應仍改請免補外委以把總儘先
拔補等語檢查該弁前保千總之案業經本部改為
俟補把總後以千總拔補今據聲稱底銜寔係補外

委後以把揔儘先拔補該弁仍應照案俟補外委後以把総儘先拔補俟補把総後再以千総序補所請改為免補之處應毋庸議又宋得貴冊開由軍功於溝合龍案内悞開儘先外委底銜保請免補外委以把総儘先拔補現核底銜寔係六品功牌應改請以經制外委拔補等語檢查該弁前保把総之案行查底銜是否寔缺外委今據聲稱底銜寔止六品功牌改請以經制外委拔補應行照准並將該弁等保案註冊咨行該撫查照可也等因到本部院准此合行札飭

札到該局即便轉行查照毋違此札

光緒貳拾捌年捌月

日

山東河防總局錄送

元字永號

光緒拾肆年分援奉 部文案件清冊

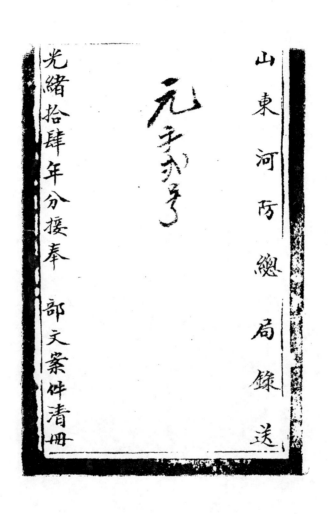

二月

兵部咨職方司案呈謹

奏為查明具奏事內閣抄出山東巡撫張　片奏前撫臣陳士杰

奏保光緒九十兩年賈莊南北兩岸防汛出力文武員弁准兵

部咨請以都司儘先補用之都司儘先守備劉福寶核與定章

不符應令另核請獎等因茲將都司用儘先守備劉福寶擬

改請俟補都司缺後加遊擊銜以示鼓勵等因光緒十三年十

二月初六日奉

硃批該部知道欽此欽遵到部查該員劉福寶前於候家林合龍

案內經前山東巡撫丁　由儘先守備保獎以都司儘先補用
當經　臣　部照章奏改侯補守備後以都司儘先補用嗣於防
守賈庄南北兩岸黃河各工出力經前山東巡撫陳　保獎以都
司儘先補用經　臣　部奏令另核請獎續於黃河上游搶辦險工
出力經撫臣張　保獎以都司儘先補用並加遊擊銜又經　臣　部
以所請免補及儘先班次核與定章不符應請撤銷奏改侯補
都司後再加遊擊銜行知該省各在案今據該撫將該員防汛
賈庄南北兩岸案內所保以都司儘先補用之案改請侯補
都司後加遊擊銜　臣　等復核該員劉福寶已於黃河上游搶

辦險工案內經臣　部奏改俟補都司後再加遊擊銜此次所請
係屬重複應毋庸議該員仍應照案俟補守備後以都司儘
先補用俟補都司後再加遊擊銜俾符原案所有查明具奏
緣由是否有當伏乞
聖鑒訓示遵行謹
奏請
旨於光緒十三年十二月二十七日具奏奉
旨依議欽此相應由驛咨行該撫欽遵查照可也等因到本部院
准此除分行外合行札飭札到該局即便欽遵查照此札

議覆寀在
三十九頁

三月

兵部咨職方司案呈據內閣抄出山東巡撫張　奏遵保堵築
惠民縣姚家口壩工合龍出力文武員弁擇尤繕具清單懇准
照擬給奬一摺又片奏上年於惠民縣屬姚家口合龍案內隨摺
請奬遊擊銜留東儘先都司陳錦章以遊擊儘先補用併加副將
銜世襲雲騎尉馮振鑫請以衛守備不論雙單月遇缺選用儘
先千總徐得富請以守備儘先補用已革儘先副將郭升堂請
開復革職處分奏奉
諭旨著照所請辦理等因欽此嗣經兵部以該員弁等均未咨部

立案所請奬敘核與奏定章程不符應請撤銷又藍翎已革儘先副將陳長發請開復革職處分摺内誤冩陳春發應令查明報部辦理等因查請奬文武員弁辦理姚家口工程晝夜經營不辭勞瘁其尤為出力者隨摺請奬先未咨報銜名因有加廂壓土及善後各事宜均飭該員弁妥為經理必得始終無懈工程悉臻穩固方將通工員弁銜名彙總咨部嗣經臣查看工程一律完竣已將在工員弁銜名開單先後彙咨各該員弁委係在事異常出力懇准均照原請給奬以示鼓勵至已革副將陳長發名字誤冩春發應請更

正仍准開復革職處分再部議河南協備安國楨等十二員
經東河督臣調回河南應如何改奬咨由督臣核明交到再行
具奏等因又片奏前調工部主事梁廷棟請加四品銜又片
奏候補知縣李庭芳改請隨帶加三級各等因光緒十三年
十二月二十八日奉
硃批該部議奏單二件片三件併發欽此欽遵到部除文職應
由吏部辦理武職請奬本部另行議奏外相應恭録
諭旨咨行該撫欽遵查照可也等因到本部院准此合就檄行
為此仰局官吏即便欽遵轉行查照毋違

三月

兵部咨職方司案呈據內閣抄出山東巡撫張　片奏齊河縣屬朱河圈一口毘連趙庄水從漫地東流村庄多被浸淹勢難留以分水當派道員張上達督率員弁勇丁於九月初九日開工十月二十三日堵合該處口門內外水深成潭仍須加用料物勇夫通力合作現在加寬培土各工業已一律完竣所有在事出力之留東補用叅將夏錫純留東遊擊陞昆均請加副將銜儘先都司朱洪升李連秀均請以遊擊留東補用都司銜守備彭全福請以都司留東補用總兵銜留東副將張永洪署齊河縣知

縣曹和浚前因漫口摘去頂戴該二員於修築工程頗知奮勉
均擬請還頂戴等因光緒十三年十二月二十八日奉
硃批該部議奏欽此欽遵到部除文職應由吏部辦理武職請獎本
部另行議奏外相應恭録
諭旨咨行該撫欽遵查照可也等因到本部院准此合就檄行為此仰
局官吏即便欽遵轉行查照毋違

九月

兵部咨粘單內開

謹將東省堵築姚家口合龍案內保奬異常出力各員按

照定章分別准駁繕具清單恭呈

御覽

計開

儘先遊擊趙昌榮請加副將銜儘先補用遊擊羅福德請

以叅將儘先補用並加副將銜留東儘先叅將朱華林請

以副將留東儘先補用副將銜儘先遊擊馬崇阿請免補

本班以叅將留東儘先補用儘先遊擊李聯功請加副將銜
儘先遊擊張玉忠請以叅將儘先補用儘先都司楊文煥孫
鳳雲均請以遊擊儘先補用都司用侯補守備陳占魁儘
先補用守備劉建政侯補守備李漸堂均請以都司儘先補
用並加遊擊銜侯補守備蒙陰汛千總王庚午請免補守
備以都司留東儘先補用左營千總邱道元儘先千總趙得
發均請以守備儘先補用
以上十四員檢查銜名前已咨部立案所請官階升銜
均與定章相符應請照准

補用叅將李正元請加副將銜副將銜侯補遊擊馮友才
請以叅將儘先補用遊擊用儘先都司李大有遊擊銜儘
先都司魯萬宗儘先都司王來魁侯補都司陳冠羣均
請以遊擊儘先補用都司用侯補守備諶興隆都司銜
儘先守備崔鴻雲劉得勝均請以都司儘先補用並加
遊擊銜都司銜儘先補用守備楊長清請免補守備以
都司留東儘先補用儘先補用守備金英烈請以都司
儘先補用都司銜期滿駐京提塘馬駿嶺請俟分別營
衛後免補本班以都司儘先補用儘先千總甯廣成陳萬

寶楊振興吳德昌均請以守備儘先補用並加都司銜守備用
儘先千總李金龍儘先千總丁富榮孟繼夏劉大元聶金昆
尼光明楊息忠呂鳳武均請以守備儘先補用平原汛把總
黑寶德請以千總儘先拔補並加守備銜防禦蔚文請以都
司歸標儘先補用驍騎校冠亮請以守備歸標儘先補用並
加都司銜已革頭品頂戴提督李泗益請開復原官翎枝頂
戴守備銜濟南城守營內汛千總滿卿田大興鎮汛千總王啟
昌均請以守備儘先補用

以上三十員於工程完竣之後始據該撫將銜名咨部立案

核與先期報部立案定章不符所請奬勵均毋庸議
又該撫片奏內稱姚家口合龍前經隨摺請奬遊擊銜留東儘
先都司陳錦章請以遊擊儘先補用並加副將銜世襲雲騎尉
馮振鑫請以衛守備不論雙單月遇缺選用儘先千總徐得富請
以守備儘先補用已革儘先副將郭升堂請開復革職處分嗣
經兵部以該員等均未咨部立案所保奬敘應請撤銷 臣 查工
程一律完竣已將在工員弁銜名先後咨部亟應均照原請給奬
又藍翎已革儘先副將陳長發請開復革職處分摺內誤寫陳
春發應請更正仍准開復革職處分查陳長發前據該撫開

即前三十四頁之案

繕陳春發奏請開復革職處分當經臣部奏請照准因前叅
係陳長發應令查明報部旋據該撫查覆係屬誤寫以致兩
岐業經臣部更正註冊行知在案其陳錦章等四員前據該
撫隨摺請獎當經臣部以該員等均未先期咨部立案奏請撤
銷茲於工程完竣之後始行彙總咨部該與定章不符所有該撫
請將陳錦章等四員仍照原保給獎之處仍毋庸議

兵部謹
奏為遵
旨議奏事內閣抄出山東巡撫張　奏堵築惠民縣姚家口埧工合龍

實賴文武員弁齊心努力履危蹈險奮不顧身用能於嚴寒
土凍之時迅速蕆功所有加廂壓土及善後各事宜均經該員
弁認真辦理已歷三汛工程悉臻穩固寔屬異常出力謹將
出力文武員弁擇尤繕具清單懇准照擬給奬等因一摺又
片奏姚家口合龍案內隨摺請奬員弁因未咨部立案經部
奏請撤銷嗣經工程完竣已將在工員弁銜名先後彙咨請
奬文職郭鑑襄等八員武員陳錦章等四員均照原請給奬
又已革副將陳長發名字誤寫春發應請更正等因光緒十
三年十二月二十八日奉

硃批該部議奏單二件片三件併發欽此欽遵到部　除文職應
由吏部辦理外此案山東堵築惠民縣姚家口合龍案內異
常出力各員據該撫奏請獎勵欽奉
諭旨交部議奏臣等謹按定章悉心核議分別准駁繕具清單
恭呈
御覽至該撫送到保獎各武職履歷臣部另行逐案查核辦理所
有議奏緣由是否有當伏乞
聖鑒訓示遵行謹
奏請

旨光緒十四年六月初六日具奏奉
旨依議欽此

十一月

兵部咨職方司案呈According內閣抄出山東巡撫張　奏山東黄河下
游連年搶護險工尤為出力員弁酌擬獎敘繕具清單懇准照
擬給獎一摺又片奏十一十二兩年上游防汛安瀾出力員弁擇尤
請獎等因光緒十四年九月二十八日奉
硃批該部議奏單四件片一件併發欽此欽遵到部除文職應由吏部
辦理武職請獎各員本部另行核議外相應恭錄
諭旨咨行該撫查照可也等因到本部院准此合就檄行為此仰局官
吏即便欽遵查照毋違

十二月

兵部咨粘單內開

一件准山東廵撫張　咨稱東省上年堵築姚家口工程奏報合龍摺內請將出力員弁擇尤彙案請奬在案現於光緒十三年十二月十九日彙案奏請奬叙摺內聲明千總以下咨部核奬相應將各弁目請奬官階造具清冊咨部查照核奬等因前來　查此案奏奬各員經本部奏明於工程完竣之後始將銜名咨部立案之員不准保奬其咨保各弁亦應一律核辦所有冊開把總用儘先外委耿心忠請以把總儘

先拔補該弁銜名先期咨部立案自應准其保奬惟立案單
内係属儘先千總並非升用把總應令查明該弁究係何
項職官因何開送兩岐聲覆報部再行核辦其千總用
儘先把總吳宏勳王上達均請以千總儘先拔補儘先把
總王東興朱長慶周百藺金士貞吳金喜徐耀成均請
以千總儘先拔補千總用儘先把總孫桂林請以千總儘
先拔補補用外委郭鳳翔請以把總儘先拔補儘先外
委陳寶元禚壽田王永興韓振魁均請以把總儘先拔
補馬兵馮壽眉軍功梁寶焜均請以經制外委儘先

拔補該十六弁銜名係於工程完竣後始行咨部核與先
期報部立案定章不符均毋庸議咨行該撫查明可也
一件准山東巡撫張　咨稱前代理齊東汛把總宋吉成
稟稱光緒十年春間前撫院陳　留把總監修該縣堤
工遵即督率人夫認真辦理著有微勞迨至工竣後蒙
恩從優保奬請以千總補用奉准兵部咨粘單內開前齊
東縣汛把總宋吉成請以千總補用該弁　臣　部官冊內現
無其名係於何年月日因何案開缺應令查明報部再
行核議等因遵查前齊東汛金玉璽因被黃水淹斃

蒙委把總代理齊東汛於光緒九年六月十三日接印任事
是年十二月初一日交卸把總係屬代理人員並非實任
是以官冊無名理合稟覆仰懇恩准咨部核議給獎等
情相應咨部查照仍照原保給獎等因前來　查修築
黃河堤岸並挑挖小清河各工一案奏獎祇准升階不准
免補該弁宋吉成聲稱代理人員並非實任究係何項候
補官階未經聲叙碍難懸議應咨該撫查明報部再行
核辦可也
一件准山東巡撫張　咨稱沙溝營存營左哨千總艾繼曾

自光緒十一年三月二十四考驗五次三年期滿之日起連
閏扣至本年二月二十四日六次三年期滿例應考驗隨
考驗得該千總艾繼曾操防認真弓馬熟練堪以留
任擬合咨部查照等因前來　應將六次甄別千總艾繼
曾准其留任註冊咨覆該撫可也
一件准山東巡撫張　將儘先把總曹興邦出身履歷咨送前來
查冊開曹興邦由武生投効新疆楚軍西征馬隊當差蒙保
以外委儘先補用並未聲明係於何案內經何大臣保奬何年
月日奉

旨續於關外諸軍異常出力案內經新疆廵撫劉　保奬以把總
歸標儘先拔補並帶五品藍翎檢查此案原保係請以把
總歸標儘先拔補並帶藍翎並無五品字樣是否造冊舛錯
應令查明一併聲覆報部再行核辦咨行該撫查照可也
一件准山東廵撫張　咨稱膠州營浮山所汛把總周和春前因
請假修墓感冒風寒痰喘未能回營當差不敢久曠職守稟
請恩准開缺專心調治俟病痊再行稟請歸原營當差等
情委弁查驗屬實取到該弁親供查驗該弁周和春年力
正强將來病痊尚堪起用似合咨部查照開缺等因前來

應將把總周和春准其開缺註冊仍咨該撫俟該弁病痊起用
之日報部核辦可也

光緒貳拾捌年捌月

日

武選司為付送事所有山東巡撫周　咨送山東河防總局保獎
案前來　查原冊內有職方司應辦之件相應將原冊付送
貴司查收可也須至付者
右　　　　　付計原冊拾陸本
職　　方　　司
光緒二十八年九月　　　廿五
武選肆日前事

付　　　　　　　　　　　　　九
稿

武選司為付知事准山東巡撫周　咨山東河防局遵送光緒十五年
起至二十六年止保奬各員清冊前來　查該撫送到原冊內有本
司應行查核之件未便付送除將原冊分別抄錄另行付送外
相應付知
貴司查照可也須至付者
右　　　付
職　方　司
光緒二十八年八月　　三十　日

貳拾玖
日前事
付
八

山東運河六廳修工冊

山東運河六廳修工冊

二品銜山東運河兵備道造呈

運河捕上下泉陸廳光緒拾柒年咨辦各工估需銀兩簡明冊

二品銜山東通省運河兵備道為詳送事據運泇捕上下泉陸廳
各將光緒拾柒年咨辦各工段落長丈估需銀兩造冊到道
據此擬合彙造呈送須至冊者

計開

光緒拾柒年

運河廳屬

鉅嘉汛

運河東岸蜀山湖

利運閘正引渠一段長壹百貳拾丈挑口寬貳丈伍尺底

寬壹丈伍尺深伍尺玖寸內除舊渠形

高水面壹尺伍寸水深壹尺捌寸口

寬貳丈底寬壹丈

接連一段長壹百貳拾丈挑口寬貳丈伍尺底寬壹丈伍尺

深肆尺玖寸內除舊渠形高水面貳寸
水深壹尺捌寸口寬壹丈伍尺底寬陸尺

北岔引渠一段長叁拾丈挑口寬貳丈叁尺底寬壹丈貳尺深
陸尺肆寸內除舊渠形高水面壹尺陸
寸水深壹尺壹寸口寬壹丈伍尺底寬
捌尺

接連一段長肆拾丈挑口寬貳丈叁尺底寬壹丈貳尺深
陸尺肆寸內除舊渠形高水面壹尺
柒寸水深壹尺壹寸口寬壹丈伍尺
底寬柒尺

接連一段長壹百伍拾丈挑口寬貳丈叁尺底寬壹丈貳尺
深肆尺玖寸內除舊渠形高水面貳
寸水深壹尺貳寸口寬壹丈陸尺底

寬陸尺

南岔引渠一段長壹百貳拾丈挑口寬貳丈叁尺底寬壹丈貳尺深伍尺玖寸內除舊渠形高水面壹尺壹寸水深壹尺壹寸口寬壹丈陸尺底寬捌尺

接連一段長玖拾丈挑口寬貳丈叁尺底寬壹丈貳尺深肆尺玖寸內除舊渠形高水面貳寸水深壹尺壹寸口寬壹丈肆尺底寬陸尺

以上引渠一道連南北岔渠共工柒段共長陸百柒拾丈共土肆千玖百肆拾伍方捌分伍厘係水方每方銀玖分玖厘共銀肆百捌拾玖兩陸錢叁分玖厘

鉅嘉汎

運河西岸南旺湖

傳家单閘引渠自閘裡起一段長壹百丈挑口寬貳丈陸尺底
寬壹丈肆尺深陸尺捌寸內除舊渠形
口寬壹丈陸尺底寬捌尺深叁尺伍寸

接連一段長柒拾丈挑口寬貳丈陸尺底寬壹丈肆尺深陸尺
柒寸內除舊渠形口寬壹丈伍尺底寬
捌尺深叁尺玖寸

接連一段長陸拾丈挑口寬貳丈陸尺底寬壹丈肆尺深
陸尺陸寸內除舊渠形口寬壹丈叁尺
底寬柒尺深壹尺柒寸

接連一段長肆拾丈挑口寬貳丈陸尺底寬壹丈肆尺深伍
尺陸寸

接連至湖心一段長捌拾丈挑口寬貳丈陸尺底寬壹丈肆

北岔引渠一段長壹百叁拾丈挑口寬貳丈陸叁底寬壹丈肆
尺深叁尺
尺深陸尺捌寸內除舊渠形口寬壹丈
伍尺底寬捌尺深叁尺陸寸
接連一段長捌拾丈挑口寬貳丈陸尺底寬壹丈肆尺深陸
尺陸寸內除舊渠形口寬壹丈捌尺底
寬壹丈深叁尺肆寸
接連一段長捌拾伍丈挑口寬貳丈陸尺底寬壹丈肆尺深伍尺
以上引渠貳道共工捌段共長陸百肆拾伍丈
共土伍千玖百叁拾柒方伍厘係旱
方每方銀捌分壹厘共銀肆百捌拾兩
玖錢壹厘

汶上汎

運河西岸南旺湖

盛進斗門引渠自運河邊起至閘止一段長叁丈挑口寬貳丈

肆尺底寬壹丈貳尺深伍尺

金門由身長壹丈叁尺寬壹丈深伍尺

自閘裡起一段長肆拾丈挑口寬貳丈捌尺底寬壹丈貳尺

深柒尺內除舊河形口寬貳丈壹尺底

寬壹丈貳尺深肆尺

接前一段長叁百丈挑口寬貳丈捌尺底寬壹丈貳尺深柒尺

伍寸內除舊河形口寬貳丈貳尺底寬

壹丈貳尺深肆尺貳寸

接前一段長貳百丈挑口寬貳丈捌尺底寬壹丈貳尺深柒

尺內除舊河形口寬壹丈玖尺底寬壹

丈深肆尺貳寸

接前至渠尾一段長壹百肆拾伍丈挑口寬貳丈捌尺底寬壹
丈貳尺深肆尺
接前舊挑濬槽一段長壹百丈挑寬貳丈深叁尺
以上引渠一道共工柒段共長柒百捌拾玖丈
叁尺共土陸千貳拾玖方伍分係旱方每
方銀捌分壹厘共銀肆百捌拾捌兩叁錢
玖分
汶上汛
運河西岸南旺湖
劉賢斗門引渠自運河邊起至閘止一段長貳丈挑上口寬叁
丈底寬貳丈下口寬貳丈貳尺底寬壹
丈貳尺牽寬貳丈壹尺深肆尺伍寸
金門由身長壹丈伍尺寬壹丈深肆尺

自閘裡起一段長貳拾肆丈挑口寬貳丈捌尺底寬壹丈貳
尺深柒尺內除舊河形口寬貳丈底寬
壹丈深肆尺伍寸
接前一段長貳百捌拾丈挑口寬貳丈捌尺底寬壹丈貳尺
深陸尺伍寸內除舊河形口寬貳丈底
寬壹丈深肆尺貳寸
接前一段長壹百陸拾丈挑口寬貳丈捌尺底寬壹丈貳尺
深陸尺內除舊河形口寬壹丈陸尺底
寬捌尺深肆尺
接前一段長壹百捌拾丈挑口寬貳丈捌尺底寬壹丈貳尺深
伍尺伍寸內除舊河形口寬壹丈貳尺
底寬陸尺深叁尺捌寸
接前至渠尾一段長壹百肆拾丈挑口寬貳丈捌尺底寬壹丈

貳尺深伍尺內除舊河形口寬壹丈底

寬陸尺深叁尺叁寸

前舊挑濬槽一段長陸拾丈挑寬貳丈深叁尺伍寸

以上引渠一道共工捌段共長捌百肆拾柒丈

伍尺共土陸千肆拾壹方柒分係旱方每

方銀捌分壹厘共銀肆百捌拾玖兩叁錢

柒分捌厘

以上運河廳屬洛棠土程通共估銀壹千玖百

肆拾捌兩叁錢捌厘

泇河廳屬
滕汛
運河西岸
滕字土工壹號郗山堤工壹段長貳拾
貳丈該工坐當迎溜犯
風之區今於臨湖壹面
緊靠堤根廂修護埽壹
段寬壹丈伍尺牽高深
壹丈壹尺伍寸係深水
埽工計单長叁百柒拾
玖丈伍尺每丈用秫稭
叁拾捆束土半方共
秫稭壹萬肆千肆百貳拾壹

束每束銀貳分柒厘共
銀叁百捌拾玖兩叁錢
陸分柒厘
搬料壓土共募夫柒百伍拾玖名每名
銀肆分共銀叁拾兩叁
錢陸分

一前工埽上加築土頂底寬壹丈伍尺
收頂寬玖尺高貳尺共
土伍拾貳方捌分每方
銀壹錢肆分共銀柒兩
叁錢玖分貳厘

以上共估銀肆百貳拾柒兩
壹錢壹分玖厘

滕字土工貳號堤工壹段長貳拾陸丈
該處生當迎溜犯風之
區今於臨湖壹面緊靠
堤根廂做埽工寬壹丈
伍尺牽高深捌尺柒寸係
深水埽工計單長叁百
叁拾玖丈叁尺每丈用
秫稭叁拾捌束土半
方共
秫稭壹萬貳千捌百玖拾叁
束肆分每束銀貳分柒
厘共銀叁百肆拾捌兩
壹錢貳分貳厘

搬料壓土共募夫陸百柒拾捌名陸分每名銀肆分共銀貳拾柒兩壹錢肆分肆厘

一前工埽上加築土頂底寬壹丈伍尺收頂寬玖尺高貳尺共土陸拾貳方肆分每方銀壹錢肆分共銀捌兩柒錢叁分陸厘

以上共估銀叁百捌拾肆兩貳厘

嶧汛

一湖口大垻水櫃内添築埽垻壹道長

拾柒丈捌尺向於收蓄
湖水誠恐湖水較大正
垻著重循例添築戧垻
以資抵禦

一前垻長拾柒丈捌尺應築埽高貳丈
叁尺上加土頂高貳尺
共高貳丈伍尺寬壹丈
貳尺與湖口大垻一律
相平共計単長肆百玖
拾壹丈貳尺捌寸每丈
用秫稭叁拾束土半
方共
秫稭壹萬肆千柒百叁拾捌

束肆分每束銀貳分柒
厘共銀叁百玖拾柒兩
玖錢叁分柒厘
搬料廂楷共募夫玖百捌拾貳名伍分
陸厘每名銀肆分共銀
叁拾玖兩叁錢貳厘
一前垻埽上加築土頂底寬壹丈貳尺
收頂寬壹丈高貳尺共
土叁拾玖方壹分陸厘每方
銀玖分陸厘共銀叁兩
柒錢伍分玖厘
又於兩垻中間填築土心寬壹丈高貳
丈伍尺共

土肆百肆拾伍方每方銀玖
分陸厘共銀肆拾貳兩
柒錢貳分
以上埽壩壹道共估銀肆百
捌拾叁兩柒錢壹分
捌厘
以上泇河廳屬咨案工程通共
用銀壹千貳百玖拾肆
兩捌錢叁分玖厘

捕河廳屬

陽穀主簿汛

一阿城上閘上西岸臨河縴道自光緒拾貳年開展以來歷年冬挑出土壅塞縴道愈窄淤嘴挺峙河泓每多阻滯亟應開展縴道挑切淤嘴今估

一阿城上閘上西岸縴道開展長叁拾丈挑北寬貳丈伍尺中寬貳丈陸尺南寬叁丈牽寬貳丈柒尺牽高壹丈伍尺共土壹千貳百壹

拾伍方
一臨河淤嘴壹段長肆拾丈桃北寬貳
丈伍尺中寬叁丈南寬
叁丈伍尺牽寬叁丈牽
深壹丈捌寸共土壹千
貳百玖拾陸方
以上共估土貳千伍百拾壹
方仿照黃河遠至肆百
丈之例減去硪工叁分
每方銀壹錢捌分陸厘
共估土方銀肆百陸拾
柒兩肆分陸厘

陽穀主簿汛

一七級上閘月河原脩分減運河異漲而
設最關緊要分別挑穵
一律深通以備減漲而
保堤工今估
一七級上閘月河壹道原長貳百壹拾
丈除兩頭土壩佔長捌
丈額夫力作寔挑長貳
百貳丈內
第壹段長伍拾丈挑口寬捌丈底寬
伍丈深伍尺共土壹千
陸百貳拾伍方
第貳段長伍拾丈挑口寬柒丈底寬
伍丈深肆尺伍寸共土

壹千叁百伍拾方

第叁段長伍拾丈挑口寬柒丈底寬肆丈深肆尺伍寸共土壹千貳百叁拾柒方伍分

第肆段長伍拾貳丈挑口寬捌丈底寬伍丈深肆尺貳寸共土壹千肆百壹拾玖方陸分

以上月河壹道共估土伍千陸百叁拾貳方壹分每方銀捌分壹厘共估銀肆百伍拾陸兩貳錢

以上捕河廳屬叅案各工通共

估銀玖百貳拾叁兩貳
錢肆分陸厘

上河廳屬
堂博汛河西岸
壹字捌號梁家淺護堤防風埽工壹
段長柒拾丈於光緒拾
年拆修後歷經伏秋大
汛河水浸泡稭料朽爛
蟄塌淨盡亟應照舊拆
修以資護衛今估
一前工長柒拾丈寬捌尺高壹丈按層折
方計单長伍百陸拾丈
共用
秫稭壹萬陸千捌百束每束
重叁拾觔價銀貳分柒

重共銀肆百伍拾叁兩
陸錢
搬料壓土共募夫壹千壹百
貳拾名每名工銀肆分
共銀肆拾肆兩捌錢
貳共估銀肆百玖拾捌兩肆錢

壹字拾號營房南護堤防風埽工壹
段長柒拾丈於光緒拾
年加廂後歷被汛水浸
泡稭料朽腐蟄蹋不堪
亟應照舊加廂整齊以
資護堤今估

一前工長柒拾丈寬捌尺高捌尺伍寸按層析

計單長肆百柒拾陸
共用
秫稭壹萬肆千貳百捌拾束
每束重叁拾觔價銀貳
分柒厘共銀叁百捌拾
伍兩伍錢陸分
搬料壓土共募夫玖百伍拾
貳名每名工銀肆分共
銀叁拾捌兩捌分
貳共估銀肆百貳拾叁兩陸
錢肆分
以上上河廳屬各辦工程貳案共用
銀玖百貳拾貳兩肆分

下河廳屬
甲馬營巡檢汛運河東岸
武城縣牛蹄窩南首防風埽工壹段
長叁拾叁丈肆尺原高
壹丈肆尺寬壹丈貳尺
該工自光緒玖年加廂
後歷被汛水漲發舊埽
塌陷不堪存高貳尺加
廂高壹丈貳尺寬壹丈
貳尺計單長肆百捌拾
丈玖尺陸寸共用
秫稭壹萬肆千肆百貳拾捌
束捌分每束重叁拾觔

價銀貳分柒厘共銀叁百捌拾玖兩伍錢柒分捌厘

搬料壓土共募夫玖百陸拾壹名玖分貳厘每名銀肆分共銀叁拾捌兩肆錢柒分柒厘

以上加廂防風埽工壹段共估工料銀肆百貳拾捌兩伍分伍厘

下河把總汛

運河東岸

德州衛第八屯防風埽工壹段長叁拾

玖丈原高壹丈叁尺寬
壹丈壹尺該工自光緒
玖年加廂後歷經汛水
盛漲舊埽沖塌殆盡拆
修高壹丈叁尺寬壹丈
壹尺計單長伍百伍拾
柒丈柒尺共用
秫稭壹萬陸千柒百叁拾壹
束每束重叁拾觔價銀
貳分柒厘共銀肆百伍
拾壹兩柒錢叁分柒厘
搬料壓土共募夫壹千壹百
壹拾伍名肆分每名銀

肆分共銀肆拾肆兩陸錢壹分
陸厘
以上拆修防風埽工壹段共估工料銀
肆百玖拾陸兩叁錢伍分叁厘
以上下河廳屬咨案工程通共用銀玖
百貳拾肆兩肆錢捌厘

泉河廳屬

東平州汎

汶河西岸

戴字捌號堤工壹段原長捌拾陸丈伍尺頂寬叁丈底

寬陸丈高捌尺現在舊堤牵頂

寬壹丈陸尺底寬叁丈陸尺高

肆尺内有坑塘牵深陸尺貳寸填

寬貳丈肆尺與地相平每丈計

土拾肆方捌分捌厘共土壹千貳百

捌拾柒方壹分貳厘再於坡面加

帮頂寬貳丈玖尺底寬貳丈肆

尺高肆尺與舊堤相平每丈

計土拾方陸分共土玖百拾陸方

玖分又以頂作底上面加高肆尺計底寬肆丈伍尺收新頂寬叁丈每丈計土拾伍方共土壹千貳百玖拾柒方伍分三共土叁千伍百壹方伍分貳厘每方銀壹錢肆分共估銀肆百玖拾兩貳錢壹分叁厘該工合新舊計頂寬叁丈底寬陸丈高捌尺

新戴字叁號堤工壹段原長肆拾玖丈原修頂寬叁丈底寬柒丈高壹丈肆尺現存舊堤頂寬壹丈壹尺壹寸底寬貳丈陸尺高柒尺伍寸該工堤內被水刷成深塘長叁拾捌丈牽深肆尺

陸寸塡寬肆丈肆尺每丈計土
貳拾方貳分肆厘共土柒百陸拾玖
方壹分貳厘再於坡面加幫長
肆拾玖丈頂寬叁丈柒尺伍寸底
寬肆丈肆尺高柒尺伍寸每丈
計土叁拾方伍分陸厘叁毫共土
壹千肆百玖拾柒方伍分捌厘柒
毫又以頂作底上面加高陸尺伍
寸底寬肆丈捌尺陸寸收新頂寬叁
丈每丈計土貳拾伍方伍分肆厘伍
毫共土壹千貳百伍拾壹方柒分伍
毫三共土叁千伍百壹拾捌方肆分
壹厘貳毫每方銀壹錢肆分共

估銀肆百玖拾貳兩伍錢柒分捌厘
該工合新舊計頂寬叁丈底寬柒丈
高壹丈肆尺
以上泉河廳屬各案工程通共用銀玖百捌拾
貳兩柒錢玖分壹厘
以上運泇捕上下泉陸廳光緒拾柒年各案工程通
共用銀陸千玖百玖拾伍兩陸錢叁
分貳厘

光緒拾柒年拾貳月　　日運河道者　安

許振禕督河奏稿

许振祎督河奏稿

臣許　跪

奏為核明癸巳年黃河兩岸上游桼廳辦過歲修土工用銀

總數恭摺具陳仰祈

聖鑒事竊照豫省黃河南北兩岸大堤向以土工為修防根

本必須歲事增培方期鞏固庶足以資保衛查本年

入夏以來雨水淋漓剥削坍塌水滸浪窩殘缺過甚若

不及時修築難期抵禦汛漲在昔帑藏充足每歲預

期勘估專案請撥銀兩辦理比因庫款支絀經費難

籌祇能隨時察看情形擇其緊要勢不可緩者間段

酌估奏改新章後款有定額限於錢糧所有癸巳年

兩岸桼廳應辦歲修土工僅按照近年辦章樽節

核減分別飭廳估辦茲據各該廳先後呈報修築完
竣逐段按冊查驗尚屬壹律如式堅實並無偷減草
率丈尺不足以及雖試滲漏情弊核計本年上南
中河下南黃沁衛粮祥河下北柒廳共估辦土工拾陸
段共長壹千陸百伍丈伍尺每方估例價銀貳錢壹分
陸厘及壹錢玖分貳厘不等共例價銀壹萬陸千肆
拾肆兩壹錢肆分伍厘其隔水遠遠取土艱難者每方
估津貼銀壹錢叁分肆厘共津貼銀捌千柒百柒拾捌
兩貳錢陸分統共估例津貳價銀貳萬肆千捌百貳
拾貳兩肆錢伍厘覆加查核委係實工實用銀土數目
俱屬相符並無浮冒所有核明癸巳年黃河上游柒

廳辦過歲修土工用銀總數緣由理合恭摺具陳伏乞

皇上聖鑒謹

奏

光緒拾玖年捌月貳拾肆日具

奏於玖月拾伍日奉

硃批該部知道欽此

臣許　跪

奏為核明光緒拾玖年分黃河兩岸上游各廳並河防局
委辦歲修各工用銀總數壹律截清恭摺仰祈
聖鑒事竊照豫省黃河南北兩岸各廳歲修經費自改章後
每年准由司庫歲支額款銀陸拾萬兩為常年修守之
需試辦叁年大致就緒伏查本年入夏以來雨澤過大
陰雨連亘山泉肆注暴漲異常沁黃兩河疊次陡長水勢
洶湧拍岸盈槽南衝北突險要環生所有兩岸各廳臨
黃要工或埽段蟄陷滙塌或磚石酥碎抽掣自夏徂秋
悉力搶救然皆係河工歲有之事幸賴稭料磚石儲備
有餘廳汛印委各員得以即時赶辦化險為夷治至寒

露悉臻隱定霜清已過普慶安瀾均經臣先後將辦理情
形節次陳奏在案刻下水勢歸槽河流順軌兩岸蒼
黎咸歌
聖主如天之仁得以壹律安平非
至誠感格不及此倘能歲歲率由河工自可無事今查光緒拾
玖年兩岸叅廳土埽磚石各工約共用銀肆拾捌萬壹千
餘兩內用工年剩存石磚值銀陸百貳拾餘兩又用本年
南岸上叁廳採割堤葦草刀工銀伍百陸拾餘兩向在
河銀內支發又用叅廳肆次歲支司庫銀肆拾捌萬兩又
河防局委辦石土各工約用銀拾貳萬有奇內除上南廳
培補鄭工大壩土工用銀壹萬貳千餘兩外餘俱盡已買

石加拋無存統核本年各工所用銀數較之奏定額款
陸拾萬兩計尚不敷好在為數不多彌補較易容俟各工
核明細數由臣自行設法辦理不准另請找發以上各工銀
數臣逐款確核再叁勾稽委係實工實用無可刪減除
分飭糸廳趕將用銀細數分別切核另造詳案印冊詳送
核奏清單並飭河防局迅查辦工底冊勘驗後趕造銷冊
呈送另摺開單
奏銷外所有核明光緒拾玖年分黃河兩岸糸廳並河防局
妥辦歲修各工用銀總數壹律截清緣由理合恭摺具
奏伏乞
皇上聖鑒再公費銀兩照章在於陸拾萬兩內由辦工支給合

併陳明謹
奏
光緒拾玖年玖月拾伍日具
奏於拾月拾貳日奉
硃批該部知道欽此

臣裕
許跪

奏為確核豫省黃河兩岸杂廳光緒拾玖年分辦過歲修埽磚
土石各工動支司庫銀款總數循例恭摺仰祈
聖鑒事竊照豫省黃河南北兩岸各廳每當伏秋大汛遇有搶辦
工程向於司庫撥銀應用歷經遵照辦理光緒拾陸年捌月
間臣因遵
旨查革河南河工積弊並擬改章設局以保險工而節浮費案內
奏明擬定每年請款即以陸拾萬兩為率尋常搶險不必
加添將各種名目概行不用其肆拾捌萬兩概歸杂廳赴司分次
支領另提拾貳萬兩設立河防局委員監辦奏蒙
恩准轉飭欽遵辦理在案查光緒拾玖年分豫省黃河南北兩岸

柒廳歲修埽磚土石各工號共用銀肆拾捌萬壹千叁百柒拾壹
兩叁錢伍分捌厘內動用光緒拾捌年存工石值銀伍百柒兩捌
錢玖分柒厘又存工磚值銀壹百壹拾陸兩陸錢壹分肆厘又用本
年南岸上叁廳採割堤葦草刀工銀伍百陸拾貳兩伍錢柒分壹
厘向在河銀項下支發又用本年柒廳肆次歲支司庫銀肆
拾捌萬兩以上共合銀肆拾捌萬壹千壹百捌拾柒兩捌分貳厘計
尚不敷銀壹百捌拾肆兩貳錢柒分陸厘通盤核算內除用光緒
拾捌年存工石磚值銀陸百貳拾肆兩伍錢壹分壹厘再除用
本年南岸上叁廳採割堤葦草刀工銀伍百陸拾貳兩伍錢
柒分壹厘實用司庫銀肆拾捌萬兩並未逾奏定額數覆加
確核再叁覈減委係實工實用無可節删其不敷銀壹百捌

拾肆兩貳錢柒分陸釐已於奏報截數摺內奏明由臣另行設
法彌補不准再請找發在案至每年奏准酌提工費銀柒萬
伍千兩臣遵照戶部定章即在陸拾萬兩內隨工支給不另
開報所有確核豫省黃河兩岸柒廳光緒拾玖年分辦過歲
修埽磚土石各工動支司庫銀款總數緣由理合會同河
南撫臣裕寬合詞循例恭摺具陳伏乞
皇上聖鑒謹
奏
光緒拾玖年拾壹月拾捌日具
奏於拾貳月初叁日奉
硃批該部知道片併發欽此

再案准戶部咨行令嗣後奏報動撥司庫銀款摺內應將
動用歷年舊存磚方銀數詳細聲明以憑核對等因查
奏報光緒拾捌年收存動支司庫銀款總數摺內奏明黃衛
祥下肆廳用存磚塊值銀壹百壹拾陸兩陸錢壹分肆厘是年
南岸叁廳並無用存磚塊亦無磚工所有光緒拾捌年北
岸肆廳用存磚值銀壹百壹拾陸兩陸錢壹分肆厘光緒拾
玖年動用無存核與奏報銀數相符理合附片陳明
伏乞
皇上聖鑒飭部存核施行謹
奏
光緒拾玖年拾壹月拾捌日具

奏於拾貳月初叁日奉

硃批覽欽此

臣許　跪
奏為光緒拾玖年分豫東黃運兩河各廳並河防局辦過
歲修奏咨各案工程所用銀數比較上叁年用銀多
寡循例繕具清單恭摺仰祈
聖鑒事案查嘉慶貳拾壹年准工部咨開凡河道另案工
程無論題咨各案於叁汛後將壹切統用銀數彙奏
壹次並將上叁年另案用銀多寡分晰比較以憑查
核等因又於道光捌年拾貳月內續准部咨奉
上諭嗣後彙奏清單內除歲搶修定額外凡壹年另案工程
俱入單內比較等因欽此嗣於道光拾伍年玖月內復准部咨
奏奉

上諭嗣後彙奏清单務遵奏定限期無論奏咨各案彙為壹
册比較上叁年之數原從清单而出毋庸分為兩事致滋
歧異等因欽此道光拾柒年貳月內又准部咨奏奉
上諭嗣後無論動用何款著壹併歸入比較等因欽此光緒拾
捌年柒月貳拾柒日准工部咨
奏嗣後河防局工需請飭歸入比較壹片奉
旨依議欽此欽遵辦理各在案茲據河南黃河柒廳並河防
局及山東運河道各將辦過光緒拾玖年分各案工程
造具細數比較清册先後詳送前來臣查上南中河下南
黃沁衛粮祥河下北柒廳奏辦歲修埽磚土石各工連
用存上年磚石在內共合銀肆拾捌萬壹千叁百柒拾壹兩

叁錢伍分捌厘比較光緒拾捌年分計少銀貳萬叁千肆百陸拾伍兩肆錢陸分捌厘比較光緒拾柒年分計多銀貳萬肆千捌百壹拾叁兩玖錢柒分貳厘比較光緒拾陸年分計少銀拾肆萬柒百柒拾伍兩肆錢玖分肆厘河防局委辦歲修土石各工共合銀拾貳萬壹百伍拾伍兩捌錢貳分叁厘比較光緒拾捌年分計少銀壹千肆百肆拾貳兩叁錢柒分貳厘比較光緒拾柒年分計少銀壹萬玖千陸兩貳錢肆分伍厘光緒拾陸年分尚未奏改新章無從比較運河道屬奏辦各工共合銀伍萬伍千伍拾柒兩伍錢玖分比較光緒拾捌年分計少銀捌拾叁兩壹錢壹分壹厘比較光緒拾柒年分計少銀肆拾陸兩玖

錢貳分叄釐比較光緒拾陸年分計少銀陸百壹拾柒
兩伍錢柒分運河洛辦各工共合銀陸千玖百肆拾柒
兩肆錢壹分陸釐比較光緒拾捌年分計少銀肆拾貳兩
陸錢陸分伍釐比較光緒拾柒年分計少銀肆拾捌兩貳
錢壹分陸釐比較光緒拾陸年分計少銀肆拾壹兩陸
錢貳分伍釐覆加詳核計數無訛除遵章彙繕清
单恭呈
御覽外所有光緒拾玖年分黄運兩河辦過各案工程用
銀總數分別比較緣由理合循例恭摺具陳伏乞
皇上聖鑒飭部存核施行謹
奏

光緒拾玖年拾壹月拾捌日具

奏於拾貳月初叁日奉

硃批工部知道単併發欽此

謹將光緒拾玖年黄河兩岸上南中河下南黄沁衛糧祥河下
北柒廳歲修埽磚土石並河防局委辦等工及山東運河道
屬奏咨各案用銀總數比較上叁年銀數分晰繕具清单恭呈
御覽
統
計河南黄河兩岸柒廳屬
光緒拾玖年分歲修搶辦埽磚土石各工共用銀肆拾捌萬壹千
叁百柒拾壹兩叁錢伍分捌厘
比較光緒拾捌年分計少銀貳萬叁千肆百陸拾伍兩
肆錢陸分捌厘
比較光緒拾柒年分計多銀貳萬肆千捌百壹拾叁兩玖
錢柒分貳厘

比較光緒拾陸年分計少銀拾肆萬柒百柒拾伍兩肆
錢玖分肆厘

河防局委員承辦各工

光緒拾玖年分歲修上南廳土工並拋辦柒廳碎石等工
共用銀拾貳萬壹百伍拾伍兩捌錢貳分叁厘

比較光緒拾捌年分計少銀壹千肆百肆拾貳兩叁錢
柒分貳厘

比較光緒拾柒年分計少銀壹萬玖千陸兩貳錢肆
分伍厘

光緒拾陸年分尚未奏改新章無從比較

運河道屬

光緒拾玖年分奏辦各工共捌案共用銀伍萬伍千伍
拾柒兩伍錢玖分
比較光緒拾捌年分計少銀捌拾叁兩壹錢壹分壹厘
比較光緒拾柒年分計少銀肆拾陸兩玖錢貳分叁厘
比較光緒拾陸年分計少銀陸百壹拾柒兩伍錢柒分
光緒拾玖年分咨辦各工共拾伍案共用銀陸千玖百肆拾
柒兩肆錢壹分陸厘
比較光緒拾捌年分計少銀肆拾貳兩陸錢陸分伍厘
比較光緒拾柒年分計少銀肆拾捌兩貳錢壹分陸厘
比較光緒拾陸年分計少銀肆拾壹兩陸錢貳分伍厘

臣許　跪

奏為查明光緒拾玖年分豫東黄運兩河辦過歲修埽磚土
石等工及奏咨各案工程段落銀數遵照新章分繕清
单彚案恭摺具陳仰祈
聖鑒事竊照道光拾伍年玖月内接准部咨奏奉
上諭嗣後每年彚奏清单務遵奏定限期無論奏咨各案彚為
壹冊其比較上叁年之數原從清单而出毋庸分為兩事致滋
歧異等因欽此所有光緒拾玖年分豫東貳省黄運兩河各
廳辦過歲修埽磚土石各工及奏咨各案工程銀兩均經臣
分別具陳在案溯查從前黄運兩河每年奏辦埽磚土石
工段丈尺細數清单向分肆條核奏其咨案清单另行附

片具陳同治貳年前署河臣譚　廷襄奏請將運河奏案暫
行停辦並將咨案壹併列入分作肆條同治肆年分試行河運
復將奏案列入分作伍條開列至黃河搶修工段丈尺錢粮
亦請彙列清单壹併歸入比較上年經臣　奏明停辦並將
另案搶修工名概請免造照歲修磚埽工加廂補廂抛
護碎石增培土工等款目奏送清单茲擬仍分伍條開列
以便稽查
壹歲修磚埽加廂補廂等工豫省黃河南北兩岸上南中
河下南黃沁衛粮祥河下北杂廳共計貳拾壹案統共
用銀肆拾貳萬叁千叁百肆拾肆兩捌錢叁分已將例價時
價逐案於单內比較

壹歲修增培土工豫省黃河南北兩岸上南中河下南黃沁
衛粮祥河下北柒廳共計土工拾叁段壩工叁段統共用
例津貳價銀貳萬肆千捌百貳拾貳兩肆錢伍厘
壹歲修拋護碎石工豫省黃河南北兩岸上南中河下南
黃沁衛粮祥河下北柒廳共計柒案統共用銀叁萬叁
千伍百壹拾肆兩壹錢貳分叁厘
壹運河奏辦另案各工光緒拾玖年東省運河道屬運加
捕上下泉陸廳計捌案共用銀伍萬伍千伍拾柒兩伍
錢玖分
壹運河咨辦各工光緒拾玖年東省運河道屬運泇捕
上下泉陸廳計拾伍案共用銀陸千玖百肆拾柒兩肆

錢壹分陸厘

以上各工辦理情形俱經陳奏在案除兗沂道現係乾河未辦工程外所有光緒拾玖年黃河兩岸各廳並運河道辦過歲修奏咨各案工程動用銀兩緣由先後據道廳等分案造冊詳送前來臣覆加確核工段丈尺用過銀數均與原報相符理合遵照新章分繕清單彙案恭摺具陳伏乞

皇上聖鑒飭部存核施行再光緒拾玖年比較上叁年銀數已另摺具奏合併聲明謹

奏

光緒拾玖年拾壹月拾捌日具

奏於拾貳月初叁日奉
硃批該部知道单伍件併發欽此

謹將豫省黃河南北兩岸上南中河下南黃沁衛糧祥河
下北柒廳光緒拾玖年分歲修搶辦加廂補廂磚埽工地
名段落高寬長丈千料磚方價值銀數繕具清单恭呈

御覽

上南河廳屬

鄭州上汛頭堡邵家寨頭埽上首空檔歲修搶辦加
廂埽工拾段共長壹百丈陸尺

頭埽長拾貳丈牽寬叁丈肆尺高深叁丈伍尺
計单長壹千肆百貳拾捌丈

貳埽長拾壹丈牽寬叁丈肆尺高深叁丈伍尺計
单長壹千叁百玖丈

叁埽長捌丈牵寬叁丈高深叁丈伍尺計单長捌
百肆拾丈
肆埽長玖丈牵寬叁丈高深叁丈陸尺計单長玖
百柒拾貳丈
伍埽長拾丈伍尺牵寬叁丈高深叁丈陸尺計单
長壹千壹百叁拾肆丈
陸埽長拾丈牵寬叁丈伍尺高深叁丈肆尺計
单長壹千壹百玖拾丈
柒埽長拾壹丈牵寬叁丈陸尺高深叁丈伍尺計
单長壹千叁百捌拾陸丈
捌埽長拾丈陸尺牵寬叁丈高深叁丈伍尺計单

長壹千壹百壹拾叁丈
玖埽長拾丈牽寬叁丈伍尺高深叁丈陸尺計單
長壹千貳百陸拾丈
拾埽長捌丈伍尺牽寬叁丈高深叁丈陸尺
計單長玖百壹拾捌丈
以上埽工拾段共長壹百丈陸尺共計單長
壹萬壹千伍百伍拾丈內用
光緒拾玖年歲稭壹千伍萬捌千陸百壹拾陸觔伍分每
觔銀玖毫
光緒拾玖年提草陸拾萬貳千捌拾叁觔伍分每束銀壹
厘陸毫

光緒拾玖年官葦伍拾萬觔每觔銀叁毫

光緒拾玖年兵柳拾伍萬柒千壹百觔不計錢粮

光緒拾玖年購柳拾捌萬陸千觔每觔銀柒毫伍絲

光緒拾玖年歲麻拾萬叁千玖百叁拾觔每觔銀貳

分捌厘捌毫

搬料雇土共添募夫貳萬叁千壹百名每名銀肆分

以上共用工料銀壹萬叁千叁百玖拾柒兩

陸錢叁分肆厘

鄭州上汎伍堡挑頭垻下首埽靠前歲修補廂埽

工陸段共長伍拾柒丈

頭埽長捌丈前寬伍丈高深伍丈柒尺計單長

貳千貳百捌拾丈
貳埽長拾丈牽寬伍丈高深陸丈計单長叁千丈
叁埽長拾壹丈牽寬伍丈高深陸丈計单長叁
千叁百丈
肆埽長拾丈牽寬肆丈捌尺高深陸丈計单長
貳千捌百捌拾丈
伍埽長捌丈伍尺牽寬肆丈高深伍丈伍尺計
单長壹千捌百柒拾丈
陸埽長玖丈伍尺牽寬肆丈高深伍丈伍尺計
单長貳千玖拾丈
鄭州下汛玖堡大壩北面拾貳埽下首歲修補廂

埽工拾段共長捌拾陸丈
頭埽長捌丈伍尺𡊨寬肆丈高深陸丈叁尺
計單長貳千壹百肆拾貳丈
貳埽長捌丈伍尺𡊨寬肆丈高深陸丈肆尺計
單長貳千壹百柒拾陸丈
叁埽長捌丈伍尺𡊨寬肆丈高深陸丈叁尺計
單長貳千壹百肆拾貳丈
肆埽長捌丈伍尺𡊨寬肆丈高深陸丈肆尺計
單長貳千壹百柒拾陸丈
伍埽長捌丈伍尺𡊨寬肆丈高深陸丈貳尺計
單長貳千壹百捌丈

陸埽長捌丈伍尺牽寬肆丈捌尺高深陸丈計
單長貳千肆百肆拾捌丈
柒埽長捌丈伍尺牽寬肆丈陸尺高深陸丈計單長
貳千叁百肆拾陸丈
捌埽長捌丈伍尺牽寬肆丈貳尺高深陸丈計
單長貳千壹百肆拾貳丈
玖埽長玖丈牽寬伍丈高深陸丈計單長貳
千柒百丈
拾埽長玖丈牽寬伍丈高深陸丈計單長貳
千柒百丈
以上埽工拾陸段共長壹百肆拾叁丈共計

単長叁萬捌千伍百丈内用

光緒拾玖年歲稭壹千貳百肆拾肆萬壹千叁百捌

拾叁觔伍分每觔銀玖毫

光緒拾玖年購稭貳千叁百壹拾叁萬貳千陸百壹拾

陸觔伍分每觔銀壹厘肆毫

光緒拾玖年歲麻貳拾壹萬壹千伍百觔每觔銀貳分

捌厘捌毫

光緒拾玖年購麻叁拾萬捌千柒百觔每觔銀貳分

捌厘捌毫

搬料厭土共添募夫柒萬柒千名每名銀肆分

以上共用工料銀陸萬壹千陸百叁拾壹

兩柒錢捌厘內照舊例價應銷銀肆萬貳千伍百捌拾
壹兩以時價比較計不敷銀壹萬玖千伍拾兩柒錢捌厘
滎澤汛拾堡上首順堤陸埽至貳拾壹埽歲修補廂埽
工拾陸段共長玖拾貳丈
陸埽長陸丈牽寬肆丈高深陸丈伍尺計單長
壹千伍百陸拾丈
柒埽長伍丈伍尺牽寬肆丈高深陸丈伍尺計
單長壹千肆百叁拾丈
捌埽長陸丈伍尺牽寬肆丈高深陸丈伍尺計
單長壹千陸百玖拾丈
玖埽長柒丈牽寬肆丈高深陸丈伍尺計單長壹千捌百貳拾丈

拾埽長伍丈牽寬肆丈高深陸丈柒尺計單長
壹千叁百肆拾丈
拾壹埽長陸丈牽寬肆丈高深陸丈伍尺計單
長壹千伍百陸拾丈
拾貳埽長伍丈肆尺牽寬肆丈高深陸丈計單
長壹千貳百玖拾陸丈
拾叁埽長陸丈牽寬肆丈伍尺高深陸丈計單長
壹千陸百貳拾丈
拾肆埽長伍丈陸尺牽寬肆丈高深陸丈計單
長壹千叁百肆拾肆丈
拾伍埽長伍丈牽寬肆丈高深陸丈陸尺計單

長壹千叁百貳拾丈
拾陸埽長伍丈捌尺牽寬肆丈高深陸丈計単
長壹千叁百玖拾貳丈
拾柒埽長伍丈貳尺牽寬肆丈高深陸丈計単長
壹千貳百肆拾捌丈
拾捌埽長陸丈伍尺牽寬肆丈高深陸丈伍尺計
単長壹千陸百玖拾丈
拾玖埽長陸丈牽寬肆丈高深陸丈伍尺計単
長壹千伍百陸拾丈
貳拾埽長伍丈伍尺牽寬肆丈高深陸丈伍尺
計単長壹千肆百叁拾丈

貳拾壹埽長伍丈面寬肆丈高深陸丈伍尺計
单長壹千叁百丈
鄭州上汛伍堡順堤貳叁肆埽歲修補廂埽工叁
段共長貳拾陸丈伍尺
貳埽長玖丈面寬伍丈高深陸丈計单長貳千
柒百丈
叁埽長拾丈伍尺面寬伍丈高深陸丈計单長
叁千壹百伍拾丈
肆埽長柒丈面寬肆丈高深陸丈計单長壹千
陸百捌拾丈
以上埽工拾玖段共長壹百壹拾捌丈伍尺共

計單長叁萬壹千壹百叁拾丈內用

光緒拾玖年購稭貳千捌百陸拾陸萬壹百貳拾觔每觔銀壹厘肆毫

光緒拾玖年購麻肆拾貳萬貳百伍拾伍觔每觔銀貳分捌厘捌毫

光緒拾玖年購葦拾萬肆千觔每觔銀玖毫

搬料壓土共添募夫陸萬貳千貳百陸拾名每名銀肆分

以上共用工料銀伍萬肆千捌百壹拾壹兩伍錢壹分貳厘內照舊例價應銷銀叁萬肆千肆百貳拾玖兩柒錢捌分以時價比較計不敷銀貳萬叁百捌拾壹兩柒銀叁分

貳厘

中河廳屬

中牟下汎叁堡順堤藏頭頭埽上首歲修搶辦加

廂埽工肆段共長叁拾壹丈

頭埽長柒丈牽寬叁丈 伍尺高深叁丈肆尺計

單長捌百叁拾叁丈

貳埽長捌丈牽寬叁丈伍尺高深叁丈肆尺計單

長玖百伍拾貳丈

叁埽長捌丈伍尺牽寬叁丈陸尺高深叁丈伍尺

計單長壹千柒拾壹丈

肆埽長柒丈伍尺牽寬叁丈肆尺高深叁丈肆

尺計単長捌百陸拾柒丈

叁堡順堤歲修搶辦加廂埽工陸段共長肆拾捌丈

藏頭頭埽長柒丈伍尺牽寬叁丈陸尺高深叁
丈伍尺計単長玖百肆拾伍丈

藏頭貳埽長捌丈牽寬叁丈伍尺高深叁丈叁
尺計単長玖百貳拾肆丈

頭埽長捌丈牽寬叁丈伍尺高深叁丈肆尺計
単長玖百伍拾貳丈

貳埽長拾丈牽寬叁丈伍尺高深叁丈叁尺計
単長壹千壹百伍拾伍丈

叁埽長柒丈牽寬叁丈肆尺高深叁丈伍尺計

单長捌百叁拾叁丈

肆埽長柒丈伍尺寬叁丈陸尺高深叁丈肆

尺計单長玖百壹拾捌丈

以上埽工拾段共長柒拾玖丈共計单長

玖千肆百伍拾丈内用

光緒拾玖年歲稭捌百柒拾捌萬貳千陸拾叁觔伍分

每觔銀玖毫

光緒拾玖年堤草貳萬陸千肆百捌拾捌束柒厘每束

銀壹厘陸毫

光緒拾玖年官葦拾萬觔每觔銀叁毫

光緒拾玖年兵柳拾萬叁千柒百捌拾觔不計錢粮

光緒拾玖年購柳貳拾肆萬玖百肆拾觔每觔銀柒
毫伍絲
光緒拾玖年歲麻捌萬伍千伍拾觔每觔銀貳分捌
厘捌毫
搬料壓土共添募夫壹萬捌千玖百名每名銀肆分
以上共用工料銀壹萬壹千叁百陸拾貳兩
叁錢捌分叁厘
中牟下汛叁堡順堤歲修補廂埽工拾陸段共長壹百
壹拾壹丈
伍埽長柒丈牽寬肆丈伍尺高深伍丈計單長
壹千伍百柒拾伍丈

陸埽長柒丈牽寬肆丈伍尺高深肆丈捌尺計
単長壹千伍百壹拾貳丈
柒埽長陸丈牽寬肆丈捌尺高深伍丈計単長
壹千肆百肆拾丈
捌埽長陸丈牽寬肆丈伍尺高深伍丈計単長
壹千叁百伍拾丈
玖埽長陸丈牽寬伍丈高深肆丈玖尺計単長
壹千肆百柒拾丈
拾埽長陸丈伍尺牽寬肆丈伍尺高深肆丈捌尺
計単長壹千肆百肆丈
拾壹埽長陸丈牽寬肆丈伍尺高深伍丈計単

長壹千叁百伍拾丈
拾貳埽長陸丈伍尺牽寬肆丈陸尺高深伍丈
計単長壹千肆百玖拾伍丈
拾叁埽長伍丈伍尺牽寬肆丈捌尺高深伍丈
計単長壹千叁百貳拾丈
拾肆埽長柒丈牽寬肆丈捌尺高深肆丈伍尺計
単長壹千伍百壹拾貳丈
拾伍埽長捌丈牽寬肆丈伍尺高深肆丈陸尺
計単長壹千陸百伍拾陸丈
拾陸埽長柒丈牽寬肆丈伍尺高深伍丈計
単長壹千伍百柒拾伍丈

拾柒埽長柒丈伍尺帶寬肆丈陸尺高深伍丈
計單長壹千柒百貳拾伍丈
拾捌埽長柒丈帶寬肆丈捌尺高深伍丈計單
長壹千陸百捌拾丈
拾玖埽長捌丈帶寬肆丈伍尺高深肆丈陸尺
計單長壹千陸百伍拾陸丈
貳拾埽長拾丈帶寬肆丈伍尺高深肆丈肆尺
計單長壹千玖百捌拾丈
以上埽工拾陸段共長壹百壹拾壹丈共計
單長貳萬肆千柒百丈內用
光緒拾玖年歲稭玖百貳拾壹萬柒千玖百叁拾陸觔

伍分每觔銀玖毫

光緒拾玖年賸稭壹千叁百陸拾萬肆千捌百陸拾叁觔

伍分每觔銀壹厘肆毫

光緒拾玖年歲麻拾捌萬肆千玖百伍拾觔每觔銀

貳分捌厘捌毫

光緒拾玖年賸麻拾肆萬捌千伍百觔每觔銀貳分

捌厘捌毫

搬料雁土共添募夫肆萬玖千肆百名每名銀肆分

以上共用工料銀叁萬捌千玖百貳拾貳

兩叁錢壹分貳厘內照舊例價應銷

銀貳萬柒千叁百壹拾捌兩貳錢以時

價比較計不敷銀壹萬壹千陸百肆兩壹
錢壹分貳厘
中牟下汛捌堡順堤歲修補廂埽工拾段共長
捌拾貳丈
護崖頭埽長玖丈牽寬肆丈高深肆丈伍尺
計單長壹千陸百貳拾丈
護崖貳埽長拾丈牽寬肆丈高深肆丈叁尺
計單長壹千柒百貳拾丈
頭埽長捌丈牽寬肆丈伍尺高深肆丈肆尺
計單長壹千伍百捌拾肆丈
貳埽長捌丈牽寬肆丈高深肆丈伍尺計單長

壹千肆百肆拾丈
叁埽長拾丈面寬肆丈壹尺高深肆丈肆尺計单
長壹千捌百肆丈
肆埽長柒丈面寬肆丈高深肆丈肆尺計单長
壹千貳百叁拾貳丈
伍埽長捌丈面寬肆丈高深肆丈肆尺計单長
壹千肆百捌丈
陸埽長陸丈伍尺面寬肆丈高深肆丈陸尺計单
長壹千壹百玖拾陸丈
柒埽長捌丈面寬肆丈高深肆丈叁尺計单長
壹千叁百柒拾陸丈

捌埽長柒丈伍尺牽寬肆丈高深肆丈肆尺計单
長壹千叁百貳拾丈
以上埽工拾段共長捌拾貳丈共計单長壹
萬肆千柒百丈内用
光緒拾玖年購稭壹千叁百叁拾陸萬肆千捌百觔每
觔銀壹厘肆毫
光緒拾玖年購葦貳拾壹萬捌千觔每觔銀玖毫
光緒拾玖年購麻壹拾玖萬捌千肆百伍拾觔每觔銀
貳分捌厘捌毫
搬料壓土共添募夫貳萬玖千肆百名每名銀肆分
以上共用工料銀貳萬伍千柒百玖拾捌兩

貳錢捌分內照舊例價應銷銀壹萬陸千
貳百伍拾捌兩貳錢以時價比較計不敷
銀玖千伍百肆拾兩捌分

下南河廳屬

祥符上汛拾玖堡新挑埧歲修搶辦加廂埽工肆段
頭埽長拾陸丈牵寬叁丈肆尺高深貳丈伍尺計
单長壹千叁百陸拾丈
貳埽長拾丈牵寬叁丈叁尺高深貳丈伍尺計
单長捌百貳拾伍丈
叁埽長拾貳丈肆尺牵寬叁丈貳尺高深貳丈伍
尺計单長玖百玖拾貳丈

肆埽長拾壹丈捌尺寬叁丈高深貳丈伍尺
計单長捌百捌拾伍丈
貳拾堡挑水頭垻上首空檔順堤歲修搶辦加廂埽
工叁段
頭埽長玖丈寬叁丈高深貳丈陸尺計单長
柒百貳丈
貳埽長捌丈寬叁丈高深貳丈陸尺計单長
陸百貳拾肆丈
叁埽長玖丈貳尺寬叁丈高深貳丈柒尺計
单長柒百肆拾伍丈貳尺
貳拾堡挑水垻下首空檔托貳垻歲修搶辦加廂埽

工叁段

新頭埽長拾壹丈牽寬貳丈捌尺高深貳丈陸尺計

单長捌百丈捌尺

新貳埽長拾丈牽寬貳丈陸尺高深貳丈陸尺

計单長陸百柒拾陸丈

新叁埽長玖丈牽寬貳丈陸尺高深貳丈伍尺

計单長伍百捌拾伍丈

以上埽工拾段共長壹百陸丈肆尺共計单

長捌千壹百玖拾伍丈内用

光緒拾玖年歲稭陸百捌拾伍萬貳千叁百伍拾觔每

觔銀玖毫

光緒拾玖年堤草柒拾捌萬壹千貳百伍拾觔每束銀
壹厘陸毫
光緒拾玖年官葦捌萬觔每觔銀叁毫
光緒拾玖年兵柳柒萬柒千陸百肆拾觔不計錢粮
光緒拾玖年購柳叁拾柒萬玖百捌拾觔每觔銀柒毫
伍絲
光緒拾玖年歲麻柒萬叁千柒百伍拾伍觔每觔銀
貳分捌厘捌毫
搬料壓土共添募夫壹萬陸千叁百玖拾名每名銀肆分
以上埽工共用工料銀玖千肆百貳拾柒兩陸
錢陸分伍厘

祥符上汛貳拾壹堡戧埧歲修補廂埽工肆段

頭埽長柒丈牽寬肆丈高深伍丈肆丈計單長

壹千伍百壹拾貳丈

貳埽長捌丈牽寬肆丈高深伍丈肆尺計單長

壹千柒百貳拾捌丈

叁埽長捌丈牽寬肆丈高深伍丈肆尺計單長

壹千柒百貳拾捌丈

肆埽長玖丈伍尺牽寬叁丈柒尺高深伍丈計

單長壹千柒百伍拾柒丈伍尺

貳拾壹堡新頭埧下首空檔順堤歲修補廂埽工

肆段

護頭埽長拾貳丈伍尺牵寛叁丈柒尺高深伍
丈計单長貳千叁百壹拾貳丈伍尺
護貳埽長拾叁丈牵寛叁丈伍尺高深肆丈肆
尺計单長貳千貳丈
護叁埽長拾貳丈伍尺牵寛叁丈伍尺高深肆
丈計单長壹千柒百伍拾丈
護肆埽長拾貳丈牵寛叁丈伍尺高深肆丈計
单長壹千陸百捌拾丈
以上埽工捌段共長捌拾貳丈伍尺共計单
長壹萬肆千肆百柒拾丈内用
光緒拾玖年歲搭陸百陸拾肆萬柒千陸百伍拾觔

每觔銀玖毫

光緒拾玖年購稭陸百柒拾貳萬貳千陸百叁拾觔

每觔銀壹厘肆毫

光緒拾玖年歲麻拾伍萬壹千貳百肆拾伍觔每觔

銀貳分捌厘捌毫

光緒拾玖年購麻肆萬肆千壹百觔每觔銀貳分捌

厘捌毫

搬料雇土共添募夫貳萬捌千玖百肆拾名每名銀肆分

以上埽工共用工料銀貳萬貳千壹百柒拾

捌兩壹錢叁厘內照舊例價應銷銀壹

萬陸千叁兩捌錢貳分以時價比較計

不敷銀陸千壹百柒拾肆兩貳錢捌分叁厘

祥符上汛 貳拾貳堡舊貳堡歲修補廂護埽柒段

護頭埽長拾貳丈寬叁丈捌尺高深肆丈伍
尺計單長貳千伍拾貳丈

護貳埽長拾丈寬叁丈陸尺高深肆丈伍
尺計單長壹千陸百貳拾丈

護叁埽長拾丈寬叁丈陸尺高深肆丈肆
尺計單長壹千伍百捌拾肆丈

護肆埽長玖丈伍尺寬叁丈伍尺高深肆
丈肆尺計單長壹千肆百陸拾叁丈

護伍埽長拾丈寬叁丈伍尺高深肆丈叁尺

計单長壹千伍百伍丈

護陸埽長拾丈底寛叁丈伍尺高深肆丈計单

長壹千肆百丈

護柒埽長拾壹丈底寛叁丈肆尺高深肆丈計

单長壹千肆百玖拾陸丈

以上埽工柒段共長柒拾貳丈伍尺共計

单長壹萬壹千壹百貳拾丈内用

光緒拾玖年購稭壹千貳萬捌千壹百柒拾觔每觔

銀壹厘肆毫

光緒拾玖年購葦貳拾肆萬陸千柒百壹拾觔每觔

銀玖毫

光緒拾玖年購麻拾伍萬壹百貳拾觔每觔銀貳分
捌厘捌毫
搬料壓土共添募夫貳萬貳千貳百肆拾名每名銀
肆分
以上埽工共用工料銀壹萬玖千肆百柒拾
肆兩伍錢叁分叁厘內照舊例價應
銷銀壹萬貳千貳百玖拾捌兩柒錢貳
分以時價比較計不敷銀柒千壹百柒
拾伍兩捌錢壹分叁厘

黃沁廳屬
武陟沁河汎龍王廟埽工隆段

婁頭埽長拾丈㡳寬貳丈伍尺高深貳丈計
單長伍百丈
迤東頭埽長拾丈㡳寬貳丈伍尺高深貳
丈計單長伍百丈
貳埽長拾丈㡳寬貳丈叁尺高深貳丈計單
長肆百陸拾丈
叁埽長拾丈㡳寬貳丈貳尺高深貳丈計單
長肆百肆拾丈
肆埽長拾丈㡳寬貳丈貳尺高深貳丈計單
長肆百肆拾丈
伍埽長拾丈㡳寬貳丈貳尺高深貳丈計

単長肆百肆拾文

西

街口埽工伍段

頭埽長拾丈⿱⿻⿸⿱㇀丷丁 寛貳丈貳尺高深貳丈計単

長肆百肆拾文

貳埽長拾丈⿱⿻⿸⿱㇀丷丁 寛貳丈貳尺高深貳丈計単

長肆百肆拾文

叁埽長拾丈⿱⿻⿸⿱㇀丷丁 寛貳丈伍尺高深壹丈柒尺計

単長肆百貳拾伍文

肆埽長拾丈⿱⿻⿸⿱㇀丷丁 寛貳丈伍尺高深壹丈柒尺

計単長肆百貳拾伍文

伍埽長拾丈⿱⿻⿸⿱㇀丷丁 寛貳丈壹尺高深貳丈計単長

肆百貳拾丈
師家後埽工伍段
頭埽長拾丈牽寬貳丈壹尺高深貳丈計单長
肆百貳拾丈
貳埽長拾丈牽寬貳丈高深貳丈計单長肆百丈
上水頭埽長拾丈牽寬貳丈高深貳丈計单
長肆百丈
貳埽長拾丈牽寬貳丈高深貳丈計单長肆百丈
叁埽長拾丈牽寬貳丈高深貳丈計单長肆
百丈
以上埽工拾陸段共長壹百陸拾丈共

計单長陸千玖百伍拾丈內用

光緒拾捌年堤草陸拾捌萬伍千陸百叁拾陸觔每束銀壹厘陸毫

光緒拾捌年官柳貳拾玖萬貳千柒百貳拾觔不計錢粮

光緒拾捌年官葦柒千捌百捌拾觔每觔銀叁毫

光緒拾玖年歲稭伍百玖拾叁萬伍千玖百陸拾肆觔每觔銀玖毫

光緒拾玖年歲麻陸萬貳千伍百伍拾觔每觔銀貳分捌厘捌毫

搬料壢土共添募夫壹萬叁千玖百名每名銀肆分

以上埽工共需工料銀柒千捌百伍拾捌兩捌
錢捌分玖厘

唐郭汛攔黄埝磚捌垻下首並垻頭光緒拾壹年加拋
磚垻長玖丈頂寬貳丈陸尺底寬拾肆丈高
深叁丈捌尺共計磚貳千捌百叁拾捌方陸分
今於該垻頭壹律加拋連舊磚共長玖丈捌尺陸寸
頂寬貳丈柒尺底寬拾肆丈壹尺高深叁丈捌尺
每丈磚叁百壹拾玖方貳分共計磚叁千壹
百肆拾柒方叁分壹厘貳毫除舊磚不計外
實加拋新磚叁百捌方柒分壹厘貳毫內用
光緒拾捌年唐郭汛添辦磚捌方肆厘肆毫

貳綠拾玖年唐郭汎添𣸪磚叁百方又用
賠磚陸分陸厘柒毫捌絲叁共磚叁百捌方
柒分壹厘貳毫每方例價銀陸兩共銀壹千
捌百伍拾貳兩貳錢柒分貳厘
唐郭汎攔黄埝伍垻迤下空檔埽工捌段
壹段長拾貳丈牽寬肆丈伍尺高深伍丈計
單長貳千柒百丈
貳段長拾伍丈牽寬肆丈高深伍丈計單長
叁千丈
叁段長拾陸丈牽寬肆丈貳尺高深伍丈計單
長叁千叁百陸拾丈

肆段長拾陸丈帝寬肆丈貳尺高深伍丈計单
長叁千叁百陸拾丈
伍段長拾陸丈帝寬肆丈高深伍丈計单長叁
千貳百丈
陸段長拾伍丈帝寬肆丈高深肆丈伍尺計
单長貳千柒百丈
柒段長拾伍丈帝寬肆丈高深肆丈計单長
貳千肆百丈
捌段長伍丈玖尺帝寬肆丈高深伍丈計单
長壹千壹百捌拾丈
以上埽工捌段共長壹百壹拾丈玖尺共

計単長貳萬壹千玖百丈内用
光緒拾玖年歲稭玖百陸萬肆千叁拾陸觔每觔銀
玖毫
光緒拾玖年添辦稭貳百伍拾萬觔每觔銀壹厘肆毫
光緒拾玖年賠稭捌百陸拾柒萬壹千伍百陸拾肆觔
每觔銀壹厘肆毫
光緒拾玖年歲麻拾陸萬柒千肆百伍拾觔每觔銀
貳分捌厘捌毫
光緒拾玖年添辦麻陸萬觔每觔銀貳分捌厘捌毫
光緒拾玖年賠麻陸萬捌千貳百觔每觔銀貳分捌
厘捌毫

搬料壓土共添募夫肆萬叁千捌百名每名銀肆分

以上埽工共需工料銀叁萬肆千陸拾肆兩伍錢肆分貳厘內照舊例價應銷銀貳萬肆千貳百貳拾壹兩肆錢以時價比較計不敷銀玖千捌百肆拾叁兩壹錢肆分貳厘

衛糧廳屬

封印汎西圈埝第玖段下首起土壩前陸埽以下

歲修搶辦加廂埽工柒段

第壹段埽長拾壹丈寬叁丈伍尺高深貳丈陸尺計單長壹千壹丈

第貳段埽長拾貳丈柒尺底寛叁丈高深貳丈
伍尺計単長玖百伍拾貳丈伍尺
第叁段埽長拾壹丈伍尺底寛叁丈高深貳丈
伍尺計単長捌百陸拾貳丈伍尺
第肆段埽長拾丈底寛叁丈伍尺高深貳丈
伍尺計単長捌百柒拾伍丈
第伍段埽長玖丈伍尺底寛叁丈高深貳丈
伍尺計単長柒百壹拾貳丈伍尺
第陸段埽長拾壹丈叁尺底寛叁丈高深貳丈
伍尺計単長捌百肆拾柒丈伍尺
第柒段埽長拾丈底寛叁丈肆尺高深貳丈陸尺

計單長捌百捌拾肆丈
以上埽工柒段共長柒拾陸丈共計單
長陸千壹百叁拾伍丈內用
光緒拾捌年官柳玖萬貳千觔不計錢粮
光緒拾捌年官葦壹萬伍千柒百陸拾觔每觔銀叁毫
光緒拾捌年堤草陸千捌萬伍千肆拾壹觔每束銀
壹厘陸毫
光緒拾玖年歲稭伍百叁拾壹萬柒千陸百伍拾玖觔
每觔銀玖毫
光緒拾玖年歲麻伍萬伍千貳百壹拾伍觔每觔
銀貳分捌厘捌毫

搬料壓土共添募夫壹萬貳千貳百柒拾名每名銀
肆分
以上埽工共用工料銀柒千貳拾捌兩壹錢
玖分肆厘
封邱汛拾叁堡越埝叁道挑埧頭光緒拾捌年加
抛磚埧壹道牽長叁拾壹丈柒尺牽寬拾肆
丈肆尺高深肆丈捌尺計磚貳萬壹千玖百
壹拾壹方肆厘
今加抛連舊磚牽長叁拾貳丈陸尺肆寸牽
寬拾肆丈伍尺高深肆丈捌尺每丈磚陸百
玖拾陸方共計磚貳萬貳千柒百壹拾柒方

肆分肆厘除舊磚不計外實加拋新磚捌百
陸方肆分內除光緒拾捌年續添磚貳方壹分肆
厘柒毫伍絲拾玖年添辦磚肆百方拾玖年
續添磚肆百方又賠用磚肆方貳分伍厘貳
毫伍絲每方例價銀陸兩共銀肆千捌百叁
拾捌兩肆錢

封邱汎西圏埝頭垻迤東托垻貳道歲修補廂
埽工各貳段

第壹道托垻埽工貳段

第壹段埽長拾壹丈陸尺寬肆丈高深叁
丈計單長壹千叁百玖拾貳丈

第貳段埽長捌丈肆尺牽寬肆丈伍尺高深
叁丈計单長壹千壹百叁拾肆丈

第貳道托垻埽工貳段

第壹段埽長拾壹丈牽寬叁丈伍尺高深叁丈
計单長壹千壹百伍拾伍丈

第貳段埽長玖丈牽寬肆丈高深貳丈捌尺
計单長壹千捌丈

又西圈埝第玖段下首起土垻前柒埽下首歲修
補廂埽工叁段

第壹段埽長拾壹丈伍尺牽寬肆丈高深貳
丈玖尺計单長壹千叁百叁拾肆丈

第貳段埽長玖丈伍尺牽寬肆丈高深叁丈
壹尺計單長壹千壹百柒拾捌丈
第叁段埽長拾壹丈牽寬叁丈伍尺高深叁丈
計單長壹千壹百伍拾伍丈
以上埽工柒段共長柒拾貳丈共計單長
捌千叁百伍拾陸丈內用
光緒拾玖年歲稭貳百壹拾捌萬貳千叁百肆拾壹
觔每觔銀玖毫
光緒拾玖年贉稭伍百伍拾叁萬捌千陸百叁觔
每觔銀壹厘肆毫
光緒拾玖年歲麻柒萬肆千柒百捌拾伍觔每觔銀

貳分捌厘捌毫

光緒拾玖年購麻叁萬捌千貳拾壹觔每觔銀貳分
捌厘捌毫

搬料雇土共添募夫壹萬陸千柒百壹拾貳名每名
銀肆分

以上埽工共用工料銀壹萬叁千陸百叁
拾伍兩肆錢肆分肆厘內照舊例價應
銷銀玖千貳百肆拾壹兩柒錢叁分陸
厘以時價比較計不敷銀肆千叁百
玖拾叁兩柒錢捌厘

祥河廳屬

祥符上汛拾伍堡挑水埧頭埽並伍陸埽歲修搶

辦加廂埽工叁段

第壹段頭埽長玖丈牽寛叁丈貳尺高深叁

丈計單長捌百陸拾肆丈

第貳段伍埽長伍丈貳尺牽寛叁丈伍尺高深

叁丈計單長伍百肆拾陸丈

第叁段陸埽長伍丈牽寛叁丈伍尺高深叁

丈肆尺計單長伍百玖拾伍丈

拾陸堡第貳道挑埧下首順堤歲修搶辦加廂

埽工叁段

第壹段埽長拾叁丈牽寛貳丈陸尺高深貳

丈伍尺計单長捌百肆拾伍丈
第貳段埽長拾丈伍尺寬貳丈伍尺高深
貳丈肆尺計单長陸百叁拾丈
第叁段埽長拾貳丈伍尺寬貳丈陸尺高
深貳丈肆尺計单長柒百捌拾丈
拾陸堡第叁道挑壩下首順堤歲修搶辦加廂
埽工叁段
第壹段埽長拾貳丈寬貳丈玖尺高深貳
丈伍尺計单長捌百柒拾丈
第貳段埽長拾肆丈寬貳丈伍尺高深貳
丈伍尺計单長捌百柒拾伍丈

第叁段埽長拾丈牽寬叁丈高深貳丈玖尺

計单長捌百柒拾丈

以上埽工玖段共長玖拾壹丈貳尺共計

单長陸千捌百柒拾伍丈内用

光緒拾捌年堤草拾伍萬壹千伍百壹觔每束銀壹

釐陸毫

光緒拾捌年官柳伍萬肆千壹百陸拾觔不計銭粮

光緒拾玖年歲稭陸百陸拾肆萬壹千捌百叁拾玖觔

每觔銀玖毫

光緒拾玖年歲麻陸萬壹千捌百柒拾伍觔每觔銀

貳分捌厘捌毫

搬料壓土共添募夫壹萬叁千柒百伍拾名每名
銀肆分
以上共用工料銀捌千叁百肆拾肆兩貳錢
捌分肆厘
祥符上汛拾陸堡第貳道挑垻上首同治拾叁年
加抛磚垻壹道長拾捌丈壹尺頂底牽寬拾
壹丈貳尺高深肆丈肆尺共磚捌千玖百
壹拾玖方陸分捌厘
今加抛連舊磚垻共長拾捌丈柒尺貳寸頂
底牽寬拾壹丈貳尺高深肆丈肆丈每丈
磚肆百玖拾貳方捌分共計磚玖千貳百貳

拾伍方貳分壹厘陸毫內除舊磚不計外
實加抛新磚叁百伍方伍分叁厘陸毫內
抛用光緒拾捌年存工磚伍方壹分捌厘伍毫
拾玖年添辦磚叁百方又用贎磚叁分伍厘
壹毫共磚叁百伍方伍分叁厘陸毫每方例
價銀陸兩共銀壹千捌百叁拾叁兩貳錢壹
分陸厘

祥符上汛拾伍堡挑埧頭貳叁肆埽歲修補廂

埽工肆段

第壹段埽長玖丈寬伍丈高深伍丈伍尺

計單長貳千肆百柒拾伍丈

第貳段埽長捌丈伍尺㡳寬伍丈高深陸丈計单
長貳千伍百伍拾丈
第叁段埽長捌丈貳尺㡳寬伍丈高深陸丈
計单長貳千肆百陸拾丈
第肆段埽長拾壹丈㡳寬伍丈高深伍丈伍
尺計单長叁千貳拾伍丈
拾陸堡埽柒歲修補廂埽工伍段
第壹段埽長拾丈㡳寬伍丈高深陸丈計单
長叁千丈
第貳段埽長玖丈㡳寬伍丈伍尺高深陸
丈計单長貳千玖百柒拾丈

第叁段埽長捌丈捌尺寬伍丈高深陸丈計

單長貳千陸百肆拾丈

第肆段埽長拾貳丈寬伍丈高深伍丈貳尺計

單長叁千壹百貳拾丈

第伍段埽長拾丈伍尺寬伍丈高深陸丈

計單長叁千壹百伍拾丈

以上埽工玖段共長捌拾柒丈共計單長

貳萬伍千叁百玖拾丈内用

光緒拾玖年歲稭壹千捌拾伍萬捌千壹百陸拾壹觔

每觔銀玖毫

光緒拾玖年添辦稭伍百萬觔每觔銀壹厘肆毫

光緒拾玖年購稭柒百陸拾萬貳千壹百玖拾玖觔
每觔銀壹厘肆毫
光緒拾玖年歲麻拾伍萬捌千壹百貳拾伍觔每觔
銀貳分捌厘捌毫
光緒拾玖年添辦麻拾萬觔每觔銀貳分捌厘捌毫
光緒拾玖年購麻捌萬肆千陸百肆拾觔每觔銀
貳分捌厘捌毫
搬料壓土共添募夫伍萬柒百捌拾名每名銀肆分
以上共用工料銀叁萬玖千叁百壹拾捌
兩貳錢伍分陸厘內照舊例價應銷
銀貳萬捌千捌拾壹兩叁錢肆分以時

價比較計不敷銀壹萬壹千貳百叁拾
陸兩玖錢壹分陸厘

下北河廳屬

祥符下汛貳堡挑垻迤上空檔伍埽迤下順堤
頭埽至拾埽歲修搶辦加廂埽工拾段

第壹段頭埽長捌丈牽寬叁丈高深貳丈肆尺
計單長伍百柒拾陸丈

第貳段貳埽長柒丈伍尺牽寬肆丈高深貳丈
陸尺計單長柒百捌拾丈

第叁段叁埽長玖丈牽寬叁丈高深貳丈伍
尺計單長陸百柒拾伍丈

第肆段肆埽長拾丈牵寬叁丈伍尺高深貳
丈肆尺計单長捌百肆拾丈
第伍段伍埽長捌丈牵寬肆丈高深貳丈貳
尺計单長柒百肆丈
第陸段陸埽長陸丈伍尺牵寬肆丈高深貳丈
伍尺計单長陸百伍拾丈
第柒段柒埽長捌丈伍尺牵寬叁丈高深貳丈
計单長伍百壹拾丈
第捌段捌埽長玖丈牵寬叁丈高深貳丈伍尺
計单長陸百柒拾伍丈
第玖段玖埽長陸丈牵寬肆丈高深貳丈伍尺

計单長陸百丈
第拾段拾埽長陸丈伍尺牽寬肆丈高深貳
丈伍尺計单長陸百伍拾丈
以上埽工拾段共長柒拾玖丈 共計单長
陸千陸百陸拾丈內用
光緒拾捌年堤草叁拾柒萬柒千捌百肆拾陸觔每
束銀壹厘陸毫
光緒拾捌年兵採官柳玖萬陸千玖百捌拾肆觔不
計錢糧
光緒拾玖年歲稭陸百壹拾伍萬捌千伍百叁拾觔
每觔銀玖毫

光緒拾玖年歲麻伍萬玖千玖百肆拾觔每觔銀貳
分捌厘捌毫
搬料雇土共添募夫壹萬叁千叁百貳拾名每名銀肆分
以上共用工料銀柒千捌百捌拾捌兩壹錢
壹分肆厘

祥符下汛頭堡挑水叁垻上首舊有磚垻壹道牽
長捌丈伍尺牽寬玖丈柒尺高深肆丈肆尺共
磚叁千陸百貳拾柒方捌分
今加拋連舊磚牽長捌丈伍尺頂寬壹丈壹尺
貳寸底寬拾玖丈伍尺貳寸牽寬拾丈叁尺
貳寸高深肆丈陸尺每丈計磚肆百柒拾肆

方柒分貳厘共用磚肆千叁拾伍方壹分貳厘
除舊磚不計外實加抛新磚肆百柒方叁分
貳厘內用光緒拾捌年磚肆方伍厘捌毫玖
絲陸忽光緒拾玖年備防磚肆百方拾玖年
添購磚叁方貳分陸厘壹毫肆忽每方例價
銀陸兩共銀貳千肆百肆拾叁兩玖錢貳分

祥符下汎頭堡挑水叁壩下首空檔歲修補埽

工伍段

第壹段埽長陸丈伍尺面寬伍丈高深伍丈

計單長壹千陸百貳拾伍丈

第貳段埽長玖丈面寬伍丈高深伍丈計單長

貳千貳百伍拾丈
第叁段埽長拾丈伍尺牽寬肆丈高深肆丈
計单長壹千陸百捌拾丈
第肆段埽長拾貳丈伍尺牽寬肆丈高深肆丈
陸尺計单長貳千叁百丈
第伍段埽長捌丈伍尺牽寬伍丈高深肆丈
計单長壹千柒百丈
桃水伍垻上首歲修補廂埽工貳段
第壹段埽長捌丈牽寬伍丈高深肆丈計单
長壹千陸百丈
第貳段埽長柒丈伍尺牽寬伍丈高深伍丈

計单長壹千捌百柒拾伍丈
挑水伍埧頭歲修廂廂埽工貳段
第壹段埽長玖丈面寬伍丈高深伍丈計单
長貳千貳百伍拾丈
第貳段埽長捌丈面寬伍丈伍尺高深伍丈
伍尺計单長貳千肆百貳拾丈
挑水伍埧下首歲修補廂埽工貳段
第壹段埽長柒丈伍尺面寬陸丈高深陸丈
計单長貳千柒百丈
第貳段埽長捌丈伍尺面寬陸丈高深陸丈
計单長叁千陸拾丈

以上埽工拾壹段共長玖拾伍丈伍尺共
計單長貳萬叁千肆百陸拾丈內用
光緒拾玖年歲稭捌百捌拾肆萬壹千肆百柒拾觔每
觔銀玖毫
光緒拾玖年添辦稭陸百萬觔每觔銀壹厘肆毫
光緒拾玖年賠稭陸百捌拾叁萬伍千伍百柒拾觔
每觔銀壹厘肆毫
光緒拾玖年歲麻拾陸萬陸拾觔每觔銀貳分捌厘
捌毫
光緒拾玖年添辦麻拾貳萬觔每觔銀貳分捌厘捌毫
光緒拾玖年賠麻叁萬陸千陸百伍拾觔每觔銀貳

分捌厘捌毫
搬料壓土共添募夫肆萬陸千玖百貳拾名每名
銀肆分
以上共用工料銀叁萬陸千玖百貳拾伍
兩壹錢陸分玖厘內照舊例價應銷
銀貳萬伍千玖百肆拾陸兩柒錢陸分
以時價比較計不敷銀壹萬玖百柒拾
捌兩肆錢玖厘
以上南北兩岸上游柒廳通共用工料磚價
銀肆拾貳萬叁千叁拾肆兩捌錢叁分

謹將豫省黃河南北兩岸上南中河下南黃沁衛粮祥河下北柒廳光緒拾玖年歲修增培大堤並加帮殘缺填墊土壩等工段落高寬長丈土方價值銀數繕具清單恭呈

御覽

上南河廳屬

中牟上汛肆堡貳段長壹百柒拾伍丈先填南坦殘缺牽寬壹丈伍尺牽深肆尺填與坦平再於大堤頂上加高以項作底頂寬陸丈底寬捌丈高肆尺

伍堡大堤工長壹百柒拾壹丈先填南坦殘缺牽寬壹丈伍尺牽深肆尺填與坦平再於大堤頂上加高以項作底頂寬伍丈底寬柒丈高肆尺

陸堡大隄工長貳百伍拾丈先填南坦殘缺牽寬壹
丈捌尺牽深肆尺填與坦平再還築道殘缺牽
寬叁丈伍尺牽深陸尺再於大堤頂上加高以頂
作底頂寬柒丈底寬玖丈高肆尺
柒堡貳段上截長壹百貳拾丈先填南坦殘缺牽寬
壹丈肆尺牽深伍尺填與坦平再於大堤頂上
加高以頂作底頂寬伍丈底寬柒丈高肆尺
以上共估土工肆段共長柒百陸丈共估土貳萬
壹千肆百叁拾肆方每方估價價錢貳錢
壹分陸厘共銀肆千陸百貳拾玖兩柒錢肆
分肆厘該工隔水遙遠選淤倍極艱難每

方估津貼銀壹錢叁分肆厘共銀貳千捌
百柒拾貳兩壹錢伍分陸厘貳共銀柒千
伍百壹兩玖錢

中河廳屬

中牟下汛頭堡壹段上截長捌拾柒丈大堤南面隨坦
加幫先填通身順隄坑塘牽寬壹丈陸尺牽
深叁尺填與地平再於南面隨坦加幫頂底
均寬壹丈陸尺高叁丈肆尺與隄頂平
拾叁堡貳段上首長壹百壹拾柒丈大隄南面隨坦
加幫先填通身順隄坑塘牽寬貳丈牽深叁
尺填與地平再於南面隨坦加幫頂底均寬

貳丈高貳丈肆尺與隄頂平

以上土工貳段共長貳百肆丈共估土壹萬壹千肆百陸拾捌方肆分每方估例價銀貳錢壹分陸厘共銀貳千肆百柒拾柒兩壹錢柒分肆厘該工隔水遠遠選添倍極艱難每方估津貼銀壹錢叁分肆厘共銀壹千伍百叁拾陸兩柒錢陸分陸厘貳共估例津貳價銀肆千壹拾叁兩玖錢肆分

下南河廳屬

祥符上汛貳拾捌堡起至貳拾玖堡止大堤工長肆百貳拾陸丈今分貳段內除貳段長貳百貳拾陸丈

不估外

壹段長貳百丈今估大堤南面隨坦加帮頂底均
寛貳丈伍尺高貳丈與大隄頂平合新舊頂寛
陸丈每丈土伍拾方共土壹萬方每方估例價
銀貳錢壹分陸厘共銀貳千壹百陸拾兩該工
隔水遶遠運淤倍極艱難每方估津貼銀壹
錢叁分肆厘共銀壹千叁百肆拾兩例津貳價
共銀叁千伍百兩

以上土工壹段長貳百丈共估土壹萬方每
方估例價銀貳錢壹分陸厘共銀貳千壹百
陸拾兩該工隔水遶遠運淤倍極艱難每

方估津貼銀壹錢叁分肆厘共銀壹千叁百肆拾兩例津貳價共銀叁千伍百兩

黄沁廳屬

武陟汛縷隄玖堡工長貳百肆拾捌丈今分上中下叁截除上截長柒拾叁丈下截長伍拾丈均不估外

中截長壹百貳拾伍丈北面隨坦加幫頂上加高連填隄坦埠道殘缺合新舊隄頂寬伍丈叁尺底寬拾玖丈壹尺南高壹丈捌尺北高貳丈共估土柒千方每方例價銀貳錢壹分陸厘津貼銀壹錢叁分肆厘共例津貳價銀貳千肆百伍拾兩

衛糧廳屬

陽武汛拾柒堡前月石霸壹道長柒百玖拾柒丈分

伍段除第壹段並貳段上首及肆段下首並伍

段不估外現估長壹百玖拾柒丈伍尺

第貳段長叁百叁拾丈分上下首除上首長貳百

貳拾玖丈不估外

下首長壹百壹丈北面加帮先填壩身埠通殘缺

壹處長伍丈牵寬壹丈柒尺牵深貳尺伍寸再

填順壩坑塘長壹百壹丈牵寬叁丈柒尺牵深

貳尺伍寸與地面平再於北面加帮長壹百壹丈頂

底均寬叁丈捌尺高伍尺與壩頂平合新舊頂

寬伍丈伍尺再於頂上加高伍尺底寬伍丈伍尺
頂寬叁丈

第叁段長玖拾貳丈伍尺北面加帮先填壩身殘
缺壹處長拾肆丈牵寬壹丈柒尺牵深貳尺陸
寸再填順壩坑塘長玖拾貳丈伍尺牵寬叁丈
柒尺牵深貳尺伍寸與地面平再於北面加帮
長玖拾貳丈伍尺頂底均寬叁丈捌尺高伍尺
與壩頂平合新舊頂寬伍丈伍尺再於頂上
加高伍尺底寬伍丈伍尺頂寬叁丈

第肆段長柒拾柒丈分上下首除下首長柒拾叁丈
不估外

上首長肆丈北面加幫先填順埧坑塘長肆丈夅
寬肆丈叁尺夅深貳尺伍寸與地面平再於北
面加幫長肆丈頂底均寬肆丈肆尺高叁尺與
埧頂平合新舊頂寬陸丈再於頂上加高陸尺底
寬陸丈頂寬叁丈
以上埧工叁段共長壹百玖拾柒丈伍尺共估土
玖千捌百陸拾伍方壹分捌厘每方例價銀壹
錢玖分貳厘共估銀壹千捌百玖拾肆兩壹
錢壹分伍厘
祥河廳屬
祥符上汛大堤伍堡至陸堡工長叁百貳拾貳丈分貳段

除第壹段長壹百貳拾丈不估外
第貳段長貳百貳丈分上下首除上首長捌拾捌丈
不估外
下首長壹百壹拾肆丈今估分上下截除上截長捌拾
伍丈不估外
下截長貳拾玖丈北面加帮先填陡坦通身殘缺牽
寬貳丈牽深貳尺再於北面隨坦加帮頂底均
寬貳丈叁尺高叁丈貳尺再於頂上加高貳尺頂
底牽寬伍丈伍尺
陸堡至柒堡工長叁百貳拾貳丈分貳段除第貳段長
貳百陸拾玖丈不估外

壹段長伍拾叁丈北面加帮先填堤坦通身殘缺
牵寬貳丈牵深貳尺再於北面随坦加帮頂
底均寬貳丈叁尺高叁丈肆尺再於頂上加高
貳尺頂底牵寬伍丈伍尺

以上祥符汎共估土工貳段共長捌拾貳丈
共估土柒千伍百玖方每方估例價銀
貳錢壹分陸厘共銀壹千陸百貳拾壹兩
玖錢肆分肆厘每方估津貼銀壹錢叁
分肆厘共銀壹千陸兩貳錢陸厘共估例
津貳價銀貳千陸百貳拾捌兩壹錢伍分

下北河廳屬

祥符下汎叁堡大隄工長叁百伍拾捌丈分捌段除

貳叁肆伍陸柒捌段不估外

壹段長玖拾丈分兩截

上截長叁拾丈北面頣坦加幫先填埠道殘缺

長貳拾伍丈牽寬叁丈牽深壹丈伍尺與隄

坦平再於北面上首長陸丈頣坦加幫頂底均

寬肆丈高肆丈肆尺與隄頂平再於北面下首

長貳拾肆丈頣坦加幫頂底均寬貳丈伍尺高

肆丈肆尺與堤頂平再填大隄頂上通身窪形

長叁拾丈牽寬伍丈牽深貳尺共土伍千壹百貳

拾壹方共銀壹千柒百玖拾貳兩叁錢伍分

下截長陸拾丈分上下首除下首不估外
上首長肆拾伍丈令分上下段除下段不估外
上段長貳拾丈北面隨坦加帮頂底均寬捌尺
高肆丈肆尺與堤頂平共土柒百肆方共銀貳
百肆拾陸兩肆錢
伍堡大堤工長肆百壹拾貳丈分肆段除貳叁肆段
不估外
壹段長壹百捌拾伍丈令分兩截除下截不估外
上截長肆拾壹丈北面隨坦加帮先填順堤坑塘
長肆拾壹丈牽寬壹丈牽深叁尺與地平再填
堤坦殘缺長拾伍丈牽寬叁丈牽深伍尺與堤

坦平再填隄坦殘缺長拾丈牽寬貳丈牽深
肆尺與隄坦平再於北面隨坦加幫頂底均
寬壹丈高肆丈伍尺與隄頂平共土貳千貳百
柒拾叁方共銀柒百玖拾伍兩伍錢伍分

以上共工叁段共長玖拾壹丈共土捌千玖拾
捌方每方例價銀貳錢壹分陸厘共銀壹千
柒百肆拾玖兩壹錢陸分捌厘每方津貼銀
壹錢叁分肆厘共銀壹千捌拾伍兩壹錢叁分
貳厘共例津貳價銀貳千捌百叁拾肆兩叁錢

以上豫省黃河南北兩岸柒廳共土工拾叁段
埧工叁段共工長壹千陸百伍丈伍尺每

方估例價銀貳錢壹分陸厘及壹錢玖分
貳厘共例價銀壹萬陸千肆拾肆兩壹錢
肆分伍厘其隔水遠遠取土艱難者每
方估津貼銀壹錢叁分肆厘共津貼銀
捌千柒百柒拾捌兩貳錢陸分統共估例津
貳價銀貳萬肆千捌百貳拾貳兩肆錢伍厘

謹將豫省黃河南北兩岸上南中河下南黃沁衛粮祥河下
北柒廳光緒拾玖年拋辦碎石工程段落石方價值銀數
繕具清单恭呈
御覽
上南河廳屬
鄭州上汛捌堡托頭埧前同治陸年及光緒叁年原拋
加拋石梁壹道週長拾丈伍尺頂寬伍尺底寬玖
丈伍尺帝寬伍丈高深叁丈陸尺計石壹千捌百玖
拾方
今加拋石梁週長拾壹丈玖尺頂寬伍尺底寬拾丈
伍尺帝寬伍丈伍尺高深肆丈每丈石貳百貳拾

方共計石貳千陸百壹拾捌方內除舊石不計外
實加拋新石柒百貳拾捌方內用光緒拾捌年備
防碎石柒方陸分肆厘叁絲貳忽又用拾玖年備
防碎石柒百貳拾方又用購石叁分伍厘玖毫
陸絲捌忽每方例價銀陸兩玖錢玖分陸厘共
銀伍千玖拾叁兩捌分捌厘

中河廳屬

中牟下汛玖堡托垻頭迤下空檔北戧貳埽前光緒
伍年加拋碎石長陸丈柒尺
今估加拋碎石長柒丈柒尺陸寸頂寬壹丈底寬
拾伍丈牽寬捌丈高深伍丈陸尺每丈石肆百

肆拾捌方共計石叁千肆百柒拾陸方肆分捌
厘內除舊石貳千陸百伍拾玖方貳分叁厘
實加拋新石捌百壹拾柒方貳分伍厘內用
光緒拾捌年備防碎石拾陸方柒分柒厘叁
毫伍絲玖忽又用光緒拾玖年備防碎石柒
百玖拾捌方肆分壹厘玖毫肆絲陸忽又用購
石貳方伍厘陸毫玖絲伍忽每方銀
柒兩捌錢玖分陸厘共銀陸千肆百伍拾叁兩
陸厘

下南河廳屬

祥符上汛拾玖堡蓋埧護崖陸埽下跨角磚

項外光緒拾伍年原加拋碎石長捌丈伍尺伍寸頂寬伍尺底寬拾伍丈高深伍丈捌尺計石叁千捌百肆拾叁方貳分貳厘伍毫

今加拋碎石長捌丈柒尺捌寸頂寬伍尺底寬拾伍丈伍尺牽寬捌丈高深陸丈每丈用石肆百捌拾方共用石肆千貳百壹拾肆方肆分內除舊石不計外實加拋新石叁百柒拾壹方壹分柒厘伍毫內用光緒拾捌年備防碎石拾方肆分陸厘肆毫捌絲又用拾玖年備防碎石叁百陸拾方又用購石柒分壹厘貳絲每方例價銀捌兩肆錢玖分陸厘共銀叁千

壹百伍拾叁兩伍錢叁厘

黃沁廳屬

唐郭汎攔黃埝磚柒垻下首頭道順垻頭並兩
面同治元年加拋碎石長拾伍丈陸尺伍
寸頂寬壹丈貳尺底寬拾丈捌尺高深肆丈
捌尺共計石肆千伍百柒方貳分

今於該垻頭並兩面壹律加拋連舊石共長拾
陸丈捌尺捌寸頂寬壹丈肆尺底寬拾壹丈貳
尺高深肆丈玖尺每丈石叁百捌方柒分共
計石伍千貳百壹拾方捌分伍厘陸毫除舊
石不計外實加拋新石柒百叁方陸分伍

釐陸毫內用光緒拾捌年唐郭汎再添碎
石叁方肆分伍釐玖絲柒忽玖微拾玖年唐
郭汎添辦碎石肆百方再添碎石叁百方又
用購石貳分伍毫貳忽壹微肆共石柒百
叁方陸分伍釐陸毫每方例價銀伍兩貳
錢柒分壹釐共銀叁千柒百捌兩玖錢柒分
壹釐

衛糧廳屬

封邱汎拾叁堡越埝肆道托埧頭並西面光緒拾
捌年加拋石工壹段長肆拾壹丈捌尺寬
捌丈叁尺高深肆丈捌尺計石壹萬陸千陸

百伍拾叁方壹分貳厘
今加拋連舊石牽長肆拾貳丈柒寸頂寬叁
丈伍尺底寬拾叁丈叁尺高深肆丈玖尺
每丈石肆百壹拾壹方陸分共計石壹萬柒
千叁百壹拾陸方壹厘貳毫除舊石不計外
實加拋新石陸百陸拾貳方捌分玖厘貳毫
內用光緒拾捌年封邱汛續添碎石拾壹
方伍分肆厘陸毫拾玖年封邱汛添辦碎
石叁百方拾玖年封邱汛續添碎石叁百
伍拾方又購用石壹方叁分肆厘陸毫每方
例價銀捌兩陸錢肆分陸厘共銀伍千柒百

叁拾壹兩叁錢陸分肆厘

祥河廳屬

祥符上汛拾伍堡挑埧頭埽迤上光緒拾壹年加抛碎石壹段高深肆丈貳尺頂寬貳丈捌尺底寬拾叁丈叁尺牽長拾柒丈玖尺共石陸千伍拾壹方玖分玖厘

今加抛連舊石高深肆丈貳尺頂寬叁丈肆尺底寬拾叁丈玖尺牽寬捌丈陸尺伍寸每丈石叁百陸拾叁方叁分牽長拾柒丈玖尺貳寸共計石陸千伍百壹拾方叁分叁厘陸毫內除舊石不計外實加抛光緒拾

捌年存工碎石捌方柒厘捌毫拾玖年添
辦碎石肆百伍拾方又用牌石貳分陸厘
捌毫共石肆百伍拾捌方叁分肆厘陸毫
每方例價銀玖兩叁錢玖分陸厘共銀肆
千叁百陸兩陸錢壹分玖厘

下北河廳屬

祥符下汛頭堡 挑水貳垻垻頭並西面光緒拾伍年加拋
碎石壹段牽長貳拾肆丈貳尺柒寸牽寬陸丈
陸尺高深肆丈 共石陸千肆百 柒方貳分
捌厘

今加拋連舊石牽長貳拾伍丈肆尺貳寸高

深肆丈頂寬捌尺底寬拾貳丈捌尺牽
寬陸丈捌尺每丈石貳百柒拾貳方共計
石陸千玖百壹拾肆方貳分肆厘內除舊石
不計外實加拋新石伍百陸方玖分陸厘
內用光緒拾捌年添辦碎石叁方玖分壹
厘玖毫拾玖年添辦石伍百方續賠石
叁方肆厘壹毫每方例價銀玖兩玖錢
玖分陸厘共銀伍千陸拾柒兩伍錢柒分貳厘
以上豫省黄河南北兩岸柒廳已拋未成碎
石工共柒案共用碎石肆千貳百肆拾
捌方貳分柒厘玖毫方價不壹共用銀

叁萬叁千伍百拾肆兩壹錢貳分叁釐

謹將東省運河道屬運河泇河捕河上河下河泉河
陸廳光緒拾玖年奏辦另案各工段落長丈價值銀
數繕具清單恭呈
御覽
運河廳屬
鉅嘉汛運河東岸蜀山湖
喜字拾叁號鐵心垻臨運裏石堤工壹段長壹百
陸拾丈砌石伍層高陸尺共該裏石貳千捌
拾丈舊石選伍添伍應添
新裏石壹千肆拾丈每丈山旱水脚銀玖錢共銀
玖百叁拾陸兩每兩例價之外加帮價銀伍錢

共加帮價銀肆百陸拾捌兩

壹石灰貳千捌拾石每石銀壹錢肆分肆厘共銀

貳百玖拾玖兩伍錢貳分

壹汁米壹百肆石每石銀壹兩陸錢共銀壹百陸拾陸兩肆錢

壹石匠斬鏨砌裡石貳千捌拾丈每丈工銀壹錢共銀貳百捌兩

壹尺伍整杉木叁千貳百根每根銀肆錢伍厘共銀壹千

貳百玖拾陸兩每兩例價之外加帮價銀肆錢

共加帮價銀伍百壹拾捌兩肆錢

壹尺肆整杉木叁千貳百根每根銀叁錢壹分伍厘共銀

壹千捌兩每兩例價之外加帮價銀肆錢

共加帮價銀肆百叁兩貳錢

壹木匠削椿釘椿壹萬陸千截每截工銀壹分壹
厘共銀壹百柒拾陸兩
壹拆石清槽拾石拉石篩灰搗灰和灰熬汁灌漿
填尾等項共夫伍千柒百陸拾壹名陸分每
名銀肆分共銀貳百叁拾兩肆錢陸分肆厘
壹石後土戧底寬叁丈貳尺肆寸頂寬壹丈伍尺
陸寸高陸尺內除舊存舊頂寬陸尺底寬壹
丈壹尺高貳尺伍寸上面加築土頂高貳尺
底寬壹丈捌尺頂寬壹丈貳尺貳共計添
新土貳千肆百肆拾肆方每方銀玖分陸厘共
銀貳百叁拾肆兩陸錢貳分肆厘

壹萬壹千陸百觔每觔銀壹分肆厘肆毫共銀貳
拾叁兩肆分

壹器具共銀拾貳兩肆錢

以上拆修裏石堤工壹段共例價銀肆千
伍百玖拾兩肆錢肆分捌厘

共加帮價銀壹千叁百捌拾玖兩陸錢

通共例帮貳價銀伍千玖百捌拾兩肆分捌厘

濟寧州汛運河東岸自南而北

濟字伍號沙洲寺起至涵洞南止堤工壹段長壹
百捌拾丈估築新堤底寬叁丈肆尺頂寬壹
丈高柒尺內除舊堤帶頂寬肆尺底寬壹丈

伍尺高叁尺貳寸

濟字陸號接連至涵洞堤工壹段長肆拾捌丈估

築新堤底寬叁丈貳尺頂寬壹丈高捌尺内

除舊堤牽頂寬叁尺底寬壹丈肆尺高貳尺

陸寸

濟字玖號師庄閘下堤工壹段長貳百柒拾丈估

築新堤底寬伍丈頂寬壹丈伍尺高壹丈内

除舊堤牽頂寬伍尺底寬壹丈伍尺高肆尺

濟字拾號師庄閘上起堤工壹段長壹百壹拾丈

估築新堤底寬伍丈頂寬壹丈伍尺高捌尺

内除舊堤牽頂寬肆尺底寬壹丈陸尺高叁尺

濟字拾叁號接連至仲浅南堤工壹段長壹百伍
拾陸丈估築新堤底寬肆丈頂寬壹丈貳尺
高柒尺内除舊堤帝頂寬叁尺底寬壹丈貳
尺高叁尺

濟字拾肆號接連至仲浅人家南頭堤工壹段長
貳百玖拾伍丈估築新堤底寬肆丈頂寬壹
丈貳尺高捌尺内除舊堤帝頂寬伍尺底寬
壹丈捌尺高肆尺

以上東岸堤工陸段共長壹千伍拾玖丈
共銀肆千玖百兩壹錢伍分柒厘

運河西岸自南而北

濟字陸號接連碎石堤工壹段長壹百柒拾貳丈
估築新堤底寬肆丈頂寬壹丈高玖尺內除
舊堤牵頂寬肆尺底寬壹丈陸尺高肆尺
濟字柒號棗林南碎石堤工壹段長叁拾柒丈估
築新堤底寬肆丈肆尺頂寬壹丈高壹丈內
除舊堤牵頂寬伍尺底寬壹丈陸尺高伍尺
濟字拾號接連碎石堤工壹段長叁百肆拾叁丈
估築新堤底寬肆丈肆尺頂寬壹丈貳尺高
玖尺內除舊堤牵頂寬伍尺底寬壹丈玖尺
高肆尺
濟字拾壹號接連至魯橋南頭碎石堤工壹段長

壹百捌拾肆丈估築新堤底寬肆丈頂寬壹
丈高捌尺內除舊堤牽頂寬伍尺底寬壹丈
陸尺高叁尺

濟字拾陸號師庄閘南碎石堤工壹段長貳百叁
拾丈估築新堤底寬肆丈肆尺頂寬壹丈貳
尺高壹丈內除舊堤牽頂寬伍尺底寬壹丈
捌尺高伍尺

以上西岸堤工伍段共長玖百陸拾陸丈
共銀肆千陸百捌兩肆錢肆分肆厘

以上濟寧州汛運河兩岸堤工拾壹段共長
貳千貳拾伍丈共土叁萬玖千陸百壹

拾玖方壹分柒厘共銀玖千伍百捌兩
陸錢壹厘
以上運河廳屬奏案工程通共估銀壹萬伍千
肆百捌拾捌兩陸錢肆分玖厘
泇河廳屬
沛汎運河西岸呂垻叁孔橋引渠
自叁孔橋外雁翅起壹段長玖拾丈估挑上口寬
柒丈底寬伍丈下口寬伍丈底寬叁丈牵寬
伍丈牵深陸尺共
土貳千柒百方
接前至老垻壹段長叁百肆拾丈估挑口寬伍丈

底寬叁丈面深伍尺伍寸共
土柒千肆百捌拾方
接前至河口壹段長貳百柒拾丈估挑口寬伍丈
底寬叁丈面深伍尺共
土伍千肆百方
接前至
關帝廟壹段長伍百丈估挑口寬伍丈底寬叁丈面深伍
尺共
土壹萬方
接前至叁岔河壹段長肆百伍拾丈估挑口寬伍
丈底寬叁丈面深伍尺伍寸共

土玖千玖百方
接前至渠尾止壹段長玖拾丈估挑下寬伍丈底
寬叁丈牽深陸尺共
土貳千壹百陸拾方
以上挑空引渠壹道計陸段共長壹千柒
百肆拾丈共土叁萬柒千陸百肆拾方
滕汎接淤囊沙引渠
接例挑貳百玖拾丈外接淤壹段長玖拾丈估挑
口寬玖丈伍尺底寬陸丈伍尺深玖尺伍寸共
沙陸千捌百肆拾方
接前壹段長叁百伍拾丈估挑口寬陸丈伍尺底

寬伍丈伍尺深玖尺叁寸共

沙壹萬玖千伍百叁拾方

接前壹段長貳百貳拾丈估挑口寬陸丈伍尺底

寬伍丈伍尺深玖尺共

沙壹萬壹千捌百捌拾方

接前壹段長壹百丈估挑口寬陸丈伍尺底寬伍

丈伍尺深捌尺捌寸共

沙伍千貳百捌拾方

以上挑穵引渠壹道計肆段共長柒百陸

拾丈共沙肆萬叁千伍百叁拾方

以上挑穵引渠計工拾段共長貳千伍百丈

共估土捌萬壹千壹百柒拾方每方銀
捌分壹厘共銀陸千伍百柒拾肆兩柒
錢柒分

滕汛運河西岸

滕字石工柒號張阿湖面大石工壹段長壹千壹
百貳拾壹丈內
中間長柒百丈內壹段長貳百壹拾伍丈湖面
原抛碎石坦坡牵高深壹丈壹尺陸寸底寛
叁丈肆尺捌寸頂無寛今估添抛碎石叁成
每丈計添碎石陸方伍厘伍毫貳絲共添
新碎石壹千叁百壹方捌分陸厘捌毫每方銀

壹兩壹錢柒分陸厘共銀壹千伍百叁拾兩
玖錢玖分柒厘每方例價之外加幫價銀伍錢
共加幫價銀陸百伍拾兩玖錢叁分肆厘
前碎石壹千叁百壹方捌分陸厘捌毫每方拋砌
工銀壹錢共銀壹百叁拾兩壹錢捌分柒厘
共估銀貳千叁百壹拾貳兩壹錢壹分捌厘
滕字石工壹號吳家橋起至朱姬莊止湖面大石
工壹段長陸百叁拾肆丈肆尺內
北首大石工長叁百捌拾柒丈柒尺除光緒拾
叁年修過長壹百伍拾柒丈柒尺其餘工長
貳百叁拾丈湖面原拋碎石坦坡高深壹

丈貳尺捌寸底寬叁丈捌尺肆寸頂無寬今
估添抛碎石叁成每丈計添碎石柒方叁分
柒厘貳毫捌絲共添
新碎石壹千陸百玖拾伍方柒分肆厘肆毫每
方銀壹兩壹錢柒分陸厘共銀壹千玖百玖
拾肆兩壹錢玖分伍厘每方例價之外加幫
價銀伍錢
共加幫價銀捌百肆拾柒兩捌錢柒分貳厘
前碎石壹千陸百玖拾伍方柒分肆厘肆毫每方
抛砌工銀壹錢共銀壹百陸拾玖兩伍錢柒
分肆厘

共估銀叁千壹拾壹兩陸錢肆分壹厘

以上添抛滕汛運河西岸湖面碎石坦坡

貳段計長肆百肆拾伍丈共估例價銀

叁千捌百貳拾肆兩玖錢伍分叁厘

共加帮價銀壹千肆百玖拾捌兩捌錢陸厘

以上共估例帮貳價銀伍千叁百貳拾叁兩

柒錢伍分玖厘

以上泇河廳屬奏案工程通共用銀壹萬壹千

捌百玖拾捌兩伍錢貳分玖厘

捕河廳屬

運河東岸東平州判汛

平字壹號太倉廒堤工壹段原長柒拾丈經黃水
穿運頂托汶水不能北趨致將該工沖刷現
存頂寬肆尺底寬陸尺高肆尺險要堪虞內
有坑塘常深柒尺伍寸應填寬肆丈肆尺與
地平亟應幫築頂寬壹丈伍尺底寬伍丈高
壹丈內除舊存實添新土肆千肆百肆拾伍
方每方銀壹錢肆分共估
銀陸百貳拾貳兩叁錢
平字貳號接連至紅沙灣堤工壹段原長壹百柒
拾丈經黃水穿運頂托汶水不能北趨致將
該工沖刷現存頂寬叁尺底寬伍尺高叁尺

五寸險要堪虞內有坑塘窪深柒尺應填寬
肆丈伍尺與地平亟應帮築頂寬壹丈伍尺
底寬伍丈高壹丈內除舊存實添新土壹萬
陸百肆拾貳方每方銀壹錢肆分共估
銀壹千肆百捌拾玖兩捌錢捌分
平字柒號捌里灣堤工壹段原長柒拾丈經黃水
穿運頂托汶水不能北趨致將該工沖刷現
存頂寬叁尺底寬肆尺高叁尺陸寸險要堪
虞內有坑塘窪深柒尺伍寸應填寬肆丈陸
尺與地平亟應帮築頂寬壹丈伍尺底寬伍
丈高壹丈內除舊存實添新土肆千陸百壹

方捌分每方銀壹錢肆分共估
銀陸百肆拾肆兩貳錢伍分貳厘
平字拾號拾里鋪北頭堤工壹段原長叁百捌拾
丈經黃水穿運頂托汶水不能北趨致將該
工沖刷現存頂寬貳尺底寬肆尺高肆尺危
險堪虞內有坑塘寬深柒尺應填寬肆丈陸
尺與地平亟應幫築頂寬壹丈伍尺底寬伍
丈高壹丈內除舊存實添新土貳萬肆千壹
百叁拾方每方銀壹錢肆分共估
銀叁千叁百柒拾捌兩貳錢
以上東平州判汛共工肆段共長陸百玖

拾丈共土肆萬叁千捌百壹拾捌方捌
分共估銀陸千壹百叁拾肆兩陸錢叁
分貳厘

壽東主簿汛

壽字貳號唐家灣堤工壹段原長壹百貳拾叁丈
經黃水穿運頂托汶水不能北趨致將該工
冲刷現存頂寬叁尺底寬肆尺高肆尺危險
堪虞內有坑塘牽深柒尺伍寸應填寬肆丈
陸尺與地平亟應幫築頂寬壹丈伍尺底寬
伍丈高壹丈內除舊存實添新土捌千陸拾
捌方捌分每方銀貳錢壹分陸厘共估

銀壹千柒百肆拾貳兩捌錢陸分壹厘

壽字玖號張家単薄堤工壹段原長壹百伍拾丈

經黄水穿運迎溜搜掏致将該工汕刷現存頂

寛叁尺底寛伍尺高貳尺危險堪虞内有坑

塘亭深柒尺應填寛肆丈伍尺與地平亟應

帮築頂寛壹丈 伍尺底寛伍丈高壹丈内除

舊存實添新土玖千肆百捌拾方每方銀貳

錢壹分陸厘共估

銀貳千肆拾柒兩陸錢捌分

以上壽東主簿汛共工貳段共長貳百柒

拾叁丈 共土壹萬柒千伍百肆拾捌

方捌分共估銀叁千柒百玖拾兩伍錢
肆分壹厘

陽穀主簿汛

陽字玖號張家林堤工壹段原長壹百叁拾丈經
黃水灌運水湧溜急又兼風雨剝削犁櫪損
傷致將該工沖刷現存頂寬叁尺底寬伍尺
高叁尺險要堤處內有坑塘牽深柒尺應填
寬肆丈伍尺與地平亟應幫築頂寬壹丈伍
尺底寬伍丈高壹丈內除舊存實添新土捌
千壹百陸拾肆方每方銀壹錢肆分共估
銀壹千壹百肆拾貳兩玖錢陸分

陽字拾號利濟橋堤工壹段原長壹百丈經黃水
灌運水湧溜急又兼風雨剥削犁㮕傷損致
將該工冲刷現存頂寬貳尺底寬肆尺高叁
尺危險堪虞內有坑塘常深陸尺伍寸應填
寬肆丈陸尺與地平亟應帮築頂寬壹丈伍
尺底寬伍丈高壹丈內除舊存實添新土陸
千壹百伍拾方每方銀壹錢肆分共估
銀捌百陸拾壹兩
陽字叁拾肆號前劉家灣堤工壹段原長壹百捌
拾丈經黃水灌運水勢猛驟又兼風雨剥削
犁㮕損傷致將該工冲刷現存頂寬肆尺底

寬陸尺高肆尺險要堪虞內有坑塘每深柒尺
應填寬肆丈肆尺與地平亟應幫築頂寬壹
丈伍尺底寬伍丈高壹丈內除舊存實添新
土壹萬壹千叁拾肆方每方銀壹錢肆分共估
銀壹千伍百肆拾肆兩柒錢陸分
以上陽穀主簿汛共工叁段共長肆百壹
拾丈共土貳萬伍千叁百肆拾捌方共
估銀叁千伍百肆拾捌兩柒錢貳分
以上叁汛共工玖段共長壹千叁百柒拾叁
丈共土捌萬陸千柒百壹拾伍方陸分
共估銀壹萬叁千肆百柒拾叁兩捌錢

玖分叁厘

上河廳屬

聊城汛河東岸

聊字拾肆號孟福灣官堤壹段原長玖拾丈內坑

塘長與工等應填寬叁丈捌尺深叁尺伍寸

修築新堤頂寬貳丈底寬伍丈高玖尺內除

舊堤頂寬陸尺底寬壹丈貳尺高肆尺實添

新土叁千柒百捌方隔水取土在叁百丈以外

每方銀貳錢壹分陸厘共估銀捌百兩玖錢

貳分捌厘

河西岸

聊字叁號于家口官堤壹段原長壹百玖拾丈修
築新堤頂寬貳丈底寬伍丈高玖尺內除舊
堤頂寬伍尺底寬壹丈伍尺高肆尺實添
新土伍千貳百貳拾伍方隔河取土用船裝運
每方銀壹錢肆分共估銀柒百叁拾壹兩伍錢
聊字拾肆號西北垻官堤壹段原長壹百伍丈修
築新堤頂寬貳丈底寬伍丈高壹丈內除舊
堤頂寬陸尺底寬壹丈陸尺高伍尺實添
新土叁千玖拾柒方伍分隔水取土在叁百丈
以外每方銀貳錢壹分陸厘共估銀陸百陸
拾玖兩陸分

聊字拾捌號拾里鋪官堤壹段原長貳百陸拾伍
文修築新堤頂寬壹丈捌尺底寬肆丈捌尺
高玖尺內除舊堤頂寬伍尺底寬壹丈伍尺
高伍尺實添
新土陸千伍百肆拾伍方伍分隔河取土用船
裝運每方銀壹錢肆分共估銀玖百壹拾陸
兩叁錢柒分
堂博汎河東岸
博字貳號呂家圈官堤壹段原長壹百貳拾陸丈
內坑塘長與工等應填寬叁丈伍尺深叁尺
修築新堤頂寬貳丈底寬伍丈高玖尺內除

舊堤頂寬伍尺底寬壹丈伍尺高伍尺實添
新土肆千陸百陸拾貳方隔水取土在叁百丈
以外每方銀貳錢壹分陸厘共估銀壹千陸
兩玖錢玖分貳厘

博字陸號小棧堤官堤壹段原長玖拾丈內坑塘
長與工等應填寬叁丈肆尺深叁尺伍寸修
築新堤頂寬貳丈底寬伍丈高玖尺內除舊
堤頂寬陸尺底寬壹丈陸尺高伍尺實添
新土叁千肆百壹拾壹方隔水取土在叁百丈
以外每方銀貳錢壹分陸厘共估銀柒百叁
拾陸兩柒錢柒分陸厘

博字拾貳號墩臺北官堤壹段原長壹百捌拾丈

修築新堤頂寬貳丈底寬伍丈高玖尺內除

舊堤頂寬柒尺底寬壹丈叁尺高肆尺實添

新土肆千玖百伍拾方隔水取土在叁百丈以

外每方銀貳錢壹分陸厘共估銀壹千陸拾玖

兩貳錢

河西岸

堂字貳號大桉堤官堤壹段原長壹百伍拾伍丈

修築新堤頂寬貳丈底寬伍丈高玖尺內除

舊堤頂寬陸尺底寬壹丈肆尺高肆尺實添

新土肆千貳百陸拾貳方伍分隔水取土在叁

百丈以外每方銀貳錢壹分陸厘共估銀玖
百貳拾兩柒錢
堂字叁號段家庄官堤壹段原長玖拾丈內坑塘
長與工等應塡寬叁丈柒尺深叁尺修築新
堤頂寬壹丈捌尺底寬伍丈高玖尺內除舊
堤頂寬伍尺底寬壹丈叁尺高肆尺實添
新土叁千肆百貳拾玖方隔水取土在叁百丈
以外每方銀貳錢壹分陸厘共估銀柒百肆
拾兩陸錢陸分肆厘
堂字陸號郭家塲官堤壹段原長壹百陸拾柒丈
修築新堤頂寬貳丈底寬伍丈高玖尺內除

舊堤頂寬伍尺底寬壹丈伍尺高伍尺實添
新土肆千肆百貳拾伍方伍分隔水取土在叁
百丈以外每方銀貳錢壹分陸厘共估銀玖
百伍拾伍兩玖錢捌厘
以上聊堂貳汛共工拾段共長壹千肆百
伍拾捌丈共估土肆萬叁千柒百壹拾
陸方共估銀捌千伍百肆拾捌兩玖分
捌厘

下河廳屬

武城汛衛河東岸

武城南關頭拆修挑水垻壹道長伍丈伍尺寬肆

丈伍尺高壹丈伍尺計单長叁百柒拾壹丈
貳尺伍寸共用
秫稭壹萬肆千壹百柒束伍分每束重叁拾觔
價銀貳分柒厘共銀叁百捌拾兩玖錢叁厘
搬料壓土共募夫柒百肆拾貳名伍分每名銀肆
分共銀貳拾玖兩柒錢
貳共用銀肆百壹拾兩陸錢叁厘係水深之處
例不節省
拆修護埽壹段長叁拾伍丈寬壹丈高壹丈貳尺
計单長肆百貳拾丈共用
秫稭壹萬伍千玖百陸拾束每束重叁拾觔價

銀貳分柒厘共銀肆百叁拾兩玖錢貳分
搬料壓土共募夫捌百肆拾名每名銀肆分共銀
叁拾叁兩陸錢
貳共用銀肆百陸拾肆兩伍錢貳分係水深之
處例不節省
甲馬營汛衛河西岸
恩縣肆夏莊拆修護埽壹段長肆拾丈寬壹丈高
壹丈貳尺計单長肆百捌拾丈共用
秫稭壹萬捌千貳百肆拾束每束重叁拾觔價
銀貳分柒厘共銀肆百玖拾貳兩肆錢捌分
搬料壓土共募夫玖百陸拾名每名銀肆分共銀

叁拾捌兩肆錢
貳共用銀伍百叁拾兩捌錢捌分係水深之處
例不節省
下河把總汎衞河東岸
蔡家莊拆修護埽壹段長捌拾肆丈寬壹丈叁尺
高壹丈肆尺計單長壹千伍百貳拾捌丈捌
尺共用
秫稭伍萬捌千玖拾肆束肆分每束重叁拾觔
價銀貳分柒厘共銀壹千伍百陸拾捌兩伍
錢肆分玖厘
搬料壓土共募夫叁千伍拾柒名陸分每名銀肆

分共銀壹百貳拾貳兩叁錢肆厘
貳共用銀壹千陸百玖拾兩捌錢伍分叁厘係
水深之處例不節省
以上下河廳屬奏案工程通共用銀叁千玖拾
陸兩捌錢伍分陸厘

泉河廳屬
東平州汎汶河西岸
壹戴字柒號河面碎石護堤壹段長貳百叁拾丈
原砌頂底均寬捌尺高壹丈捌尺每丈計石
拾肆方肆分共估碎石叁千叁百拾貳方選
用舊石壹千玖百捌拾柒方貳分實添

新碎石壹千叁百貳拾肆方捌分每方例價銀
壹兩壹錢柒分陸厘共銀壹千伍百伍拾柒
兩玖錢陸分伍厘每方加帮價銀伍錢共該
帮價銀陸百陸拾貳兩肆錢
壹前新舊碎石叁千叁百拾貳方每方壘砌工價
銀壹錢共銀叁百叁拾壹兩貳錢
以上拆修戴字柒號碎石護堤壹段通共
估需例帮貳價銀貳千伍百伍拾壹兩
伍錢陸分伍厘
以上運河捕上下泉陸廳光緒拾玖年奏案工
程通共用銀伍萬伍千伍拾柒兩伍錢

玖分

謹将東省運河道屬運河泇河捕河上河下河泉河陸
廳光緒拾玖年分咨案各工段落長丈價值銀數繕具
清単恭呈
御覧
運河廳屬
濟甯州汛
仲浅閘月河自運河中泓起至上月河口舊埧基止漫
灘壹段長拾伍丈挑口寬玖丈底寬柒丈東深
陸尺捌寸西深伍尺牵深伍尺玖寸
接前正月河起壹段長柒拾丈舊河口寬捌丈底寬
陸丈深貳尺加深接挑口寬陸丈底寬肆丈

深肆尺

又接前壹段長壹百陸拾丈舊河口寬捌丈底寬陸丈深貳尺壹寸加深接挑口寬陸丈底寬肆丈深叁尺玖寸

接前自下月河口起至運河中泓止漫灘壹段長拾陸丈挑口寬玖丈底寬柒丈東深陸尺陸寸西深伍尺陸寸牵深陸尺壹寸

以上月河壹道共工肆段共長貳百陸拾壹丈共土陸千捌方捌分係旱方每方銀捌分壹釐共銀肆百捌拾陸兩柒錢壹分叁釐

鉅嘉汛運河西岸南旺湖

關帝廟前下单閘自閘裡起壹段長拾壹丈挑口寬貳尺陸
尺底寬壹丈肆尺深捌尺內除舊渠形口寬
壹丈伍尺底寬壹丈深肆尺
接連壹段長貳百伍拾丈挑口寬貳丈陸尺底寬
壹丈肆尺深捌尺內除舊渠形口寬貳丈底寬壹丈
深伍尺
接連壹段長貳百丈挑口寬貳丈陸尺底寬壹丈肆
尺深捌尺內除舊渠形口寬壹丈捌尺底寬壹
丈深伍尺
接連壹段長壹百肆拾丈挑口寬貳丈陸尺底寬壹
丈肆尺深捌尺內除舊渠形口寬壹丈肆尺

底寬捌尺深肆尺伍寸
接連至湖心壹段長柒拾伍丈挑口寬貳丈陸尺底
寬壹丈肆尺深叁尺
以上引渠壹道共工伍段共長陸百柒拾陸
丈共土陸千肆拾叁方係旱方每方銀捌
分壹厘共銀肆百捌拾玖兩肆錢捌分叁厘
汶上汛運河東岸馬踏湖
新河頭引渠自運河邉起至閘墻止長貳丈伍尺挑
口寬貳丈底寬壹丈貳尺深伍尺
金門由身長貳丈寬壹丈深伍尺
自閘裡起至土垻止壹段長拾壹丈挑口寬貳丈捌尺

底寬壹丈肆尺深玖尺內除舊河形口寬貳
丈肆尺底寬壹丈深肆尺伍寸
接前壹段長壹百丈挑口寬貳丈捌尺底寬壹丈
肆尺深捌尺伍寸內除舊河形口寬貳丈壹
尺底寬壹丈深叁尺陸寸
接前壹段長壹百伍拾丈挑口寬貳丈肆尺底寬壹
丈貳尺深柒尺伍寸內除舊河形口寬壹丈
捌尺底寬壹丈深叁尺玖寸
接前壹段長壹百貳拾伍丈挑口寬貳丈肆尺底寬
壹丈貳尺深陸尺內除舊河形口寬壹丈肆
尺底寬捌尺深叁尺貳寸

接前壹段長壹百陸拾丈挑口寬貳丈肆尺底寬
壹丈貳尺深叁尺
接前舊挑渰槽壹段長肆百柒拾丈挑寬壹丈伍
尺深貳尺叁寸
以上引渠壹道共工捌段共長壹千貳拾丈
伍尺共土伍千玖百捌拾貳方貳分伍厘
係旱方每方銀捌分壹厘共銀肆百捌
拾肆兩伍錢陸分貳厘

汶上汛

劉老口支河河尾自口門裡起至郭家莊止淤灘
壹段長玖拾丈挑口寬玖丈底寬柒丈深伍

尺壹寸
自郭家莊起長壹百叁拾丈舊河口寬玖丈底寬柒
丈深肆尺貳寸加深接挑口寬柒丈底寬伍丈
深壹尺
接前至何家橋止長壹百貳拾丈舊河口寬玖丈底
寬柒丈深肆尺叁寸加深接挑口寬柒丈底寬
伍丈深捌寸
自何家橋起長壹百陸拾丈舊河口寬玖丈底寬
柒丈深肆尺貳寸加深接挑口寬柒丈底寬
伍丈深壹尺
以上支河河尾共工肆段共長伍百丈共

土伍千玖百捌拾捌方係旱方每方銀
捌分壹厘共銀肆百捌拾伍兩貳分捌厘
以上運河廳屬洛案工程通共估銀壹千玖
百肆拾伍兩柒錢捌分陸厘
泇河廳屬
運河東岸嶧汛
壹頓莊閘月河壹道自運河唇起至上月河口灘
嘴壹段牵長拾貳丈牵寬伍丈伍尺深叁尺
叁寸共
砂礓貳百壹拾柒方捌分
壹接前壹段長捌拾叁丈估挑口寬陸丈底寬肆丈

深叁尺共
砂礓壹千貳百肆拾伍方
壹接前至月河尾壹段長捌拾伍丈估挑口寬陸丈
底寬肆丈深貳尺肆寸共
砂礓壹千貳拾方
壹接前至運河邉止壹段長拾貳丈牵寬伍丈伍尺
深壹尺捌寸共
砂礓壹百壹拾捌方捌分
以上挑空月河連淤灘共工肆段共長壹百
玖拾貳丈共估砂礓貳千陸百壹方陸分
每方銀壹錢伍分共銀叁百玖拾兩貳錢肆分

壹嶧汛德勝閘南運河東岸大堤發崖堤埝長伍
拾伍丈修做埽工高柒尺伍寸寬壹丈壹尺折
单長肆百伍拾叁丈柒尺伍寸每丈用秫稭
叁拾束共
秫稭壹萬叁千陸百壹拾貳束伍分每束銀貳分
柒厘共銀叁百陸拾柒兩伍錢叁分捌厘
搬料壓土共募夫玖百柒名伍分每名銀肆分共
銀叁拾陸兩叁錢
前工埽上加築土項底寬壹丈壹尺頂寬玖尺高
壹尺共
土伍拾伍方每方銀壹錢肆分共銀柒兩柒錢

以上埽工壹段共估銀肆百壹拾壹兩伍錢叁分
捌厘

運河西岸
壹湖口大壩水櫃內添築埽壩壹道長拾柒丈捌尺
向於收蓄湖水誠恐湖水較大止壩着重循
例添築戧壩以資抵禦
壹前壩長拾柒丈捌尺應築埽高貳丈叁尺上加土
頂高貳尺共高貳丈伍尺寬壹丈貳尺與湖口
大壩壹律相平共計单長肆百玖拾壹丈貳尺
捌寸每丈用秫稭叁拾束共
秫稭壹萬肆千柒百叁拾捌束肆分每束銀貳分柒

厘共銀叁百玖拾柒兩玖錢叁分柒厘
搬料廂稭共募夫玖百捌拾貳名伍分陸厘每名
銀肆分共銀叁拾玖兩叁錢貳厘
壹前壩埽上加築土頂底寬壹丈貳尺收頂寬壹丈
高貳尺共
土叁拾玖方壹分陸厘每方銀玖分陸厘共銀
叁兩柒錢伍分玖厘
又於兩壩中間填築土心寬壹丈高貳丈伍尺共
土肆百肆拾伍方每方銀玖分陸厘共銀肆拾貳
兩柒錢貳分
以上埽壩壹道共銀肆百捌拾叁兩柒錢壹分捌厘

以上泇河廳屬洛案工程通共用銀壹千貳
百捌拾伍兩肆錢玖分陸厘

捕河廳屬

東平州判汛

壹戴廟閘月河原備分洩運河異漲而設最關緊要
分別挑挖壹律深通以備洩漲而保堤工今估
壹戴廟閘月河壹道原長壹百伍丈除兩頭土壩
估長捌丈額夫力作毋庸估挑外實挑長
玖拾柒丈內
第壹段自月河頭起長貳拾丈挑口寬捌丈底寬陸
丈深玖尺伍寸共土壹千叁百叁拾方

第貳段長伍拾柒丈挑口寬捌丈底寬陸丈深柒尺

伍寸共土貳千玖百玖拾貳方伍分

第叁段至月河尾止長貳拾丈挑口寬捌丈底寬陸

丈深玖尺共土壹千貳百陸拾方

以上月河壹道共估土伍千伍百捌拾貳方伍

分每方銀捌分壹厘共估銀肆百伍拾貳兩

壹錢捌分貳厘

陽穀主簿汛

壹条級下閘月河原備分洩運河異漲而設最關

緊要分别挑空壹律深通以備洩漲而保堤工今估

壹条級下閘月河壹道原長貳百叁拾捌丈除兩頭

土垻估長捌丈額夫力作毋庸估挑外實挑長
貳百叁拾丈內
第壹段自月河頭起長捌拾丈挑口寬柒丈底寬伍
丈深肆尺貳寸共土貳千壹拾陸方
第貳段長柒拾丈挑口寬柒丈底寬伍丈深肆尺
共土壹千陸百捌拾方
第叁段長捌拾丈挑口寬柒丈底寬伍丈深肆尺
貳寸共土貳千壹拾陸方
以上月河壹道共估土伍千柒百壹拾貳方每方銀
捌分壹厘共估銀肆百陸拾貳兩陸錢柒分貳厘
以上捕河廳屬沿棠各工通共估銀玖百壹拾

肆兩捌錢伍分肆厘

上河廳屬

臨清汛

衛河北水門應築對頭東水草壩壹道兩岸共長拾伍丈陸
尺東刷河泓擎托閘河啟板之水以利運行亟應照
舊修做工長拾伍丈陸尺寬貳丈肆尺高壹丈貳寸
按層折方計单長叁百捌拾壹丈捌尺捌寸捌分共用
秫稭壹萬肆千伍百壹拾壹束柒分肆厘每束重叁拾
觔價銀貳分柒厘共銀叁百玖拾壹兩捌錢壹分陸厘
搬料壓土共募夫柒百陸拾叁名柒分柒厘每名工
銀肆分共銀叁拾兩伍錢伍分

以上貳共估銀肆百貳拾貳兩叁錢陸分陸厘

衛河王家江築做束水草埧壹道兩岸共長拾肆丈束刷河底拾蓄衛流以利漕運並應照舊拆修工長拾肆丈寬壹丈玖尺高捌尺肆寸按層拆方計単長貳百貳拾叁丈肆尺肆寸共用秫稭捌千肆百玖拾束柒分貳厘每束重叁拾觔價銀貳分柒厘共銀貳百貳拾玖兩貳錢肆分玖厘

搬料壓土共募夫肆百肆拾陸名捌分捌厘每名工銀肆分共銀拾柒兩捌錢柒分伍厘

貳共估銀貳百肆拾柒兩壹錢貳分肆厘

衛河半壁店應築束水草 現壹道兩岸共長拾肆丈
抬蓄來源遞托上游以利出境亟應照舊修
做工長拾肆丈寬壹丈玖尺高捌尺肆寸按層
折方計单長貳百貳拾叁丈肆尺肆寸共用
秫稭捌千肆百玖拾束柒分貳厘每束重叁拾觔
價銀貳分柒厘共銀貳百貳拾玖兩貳錢肆分玖厘
搬料壓土共募夫肆百肆拾陸名捌分捌厘每名
工銀肆分共銀拾柒兩捌錢柒分伍厘
貳共估銀貳百肆拾柒兩壹錢貳分肆厘
以上束水埧貳道共估銀肆百玖拾肆兩
貳錢肆分捌厘

以上上河廳屬咨辦工程共估銀玖百壹拾陸

兩陸錢壹分肆厘

下河廳屬

武城縣縣丞汛運河西岸

武城縣西關外舊有挑水頭垻壹道長柒丈伍尺捌寸寬叁丈玖尺高壹丈玖尺該工自光緒拾壹年廂修後歷經汛漲浸泡淘刷舊埽墊陷不堪存高壹尺伍寸加廂高壹丈柒尺伍寸寬叁丈玖尺計單長伍百拾柒丈叁尺叁寸伍分共用秫稭壹萬伍千伍百貳拾束伍厘每束重叁拾觔價銀貳分柒厘共銀肆百壹拾玖兩肆

分壹厘
搬料壓土共募夫壹千叁拾肆名陸分柒厘每名
銀肆分共銀肆拾壹兩叁錢捌分柒厘
以上武城汛內加廂挑水頭壩壹道共用料
物夫工銀肆百陸拾兩肆錢貳分捌厘
下河把總汛運河東岸
恩縣肆女寺北下首埽工壹段長貳拾捌丈伍尺寬壹
丈肆尺高壹丈肆尺該工自光緒拾壹年廂修
後歷經汛水漲發溜勢搜淘舊埽卑殘不堪
存高壹尺加廂高壹丈叁尺寬壹丈肆尺計
单長伍百壹拾捌丈柒尺共用

秫稭壹萬伍千伍百陸拾壹束每束重叁拾觔價銀

貳分柒厘共銀肆百貳拾兩壹錢肆分柒厘

搬料壓土共募夫壹千叁拾柒名肆分每名銀肆分

共銀肆拾壹兩肆錢玖分陸厘

以上下河汛內加廂防風埽工壹段共用料物

夫工銀肆百陸拾壹兩陸錢肆分叁厘

以上下河廳屬咨案工程通共用銀玖百貳

拾貳兩柒分壹厘

泉河廳屬

東平州汛汶河西岸

戴字陸號堤工壹段原長壹百肆拾丈舊堤頂寬

貳丈肆尺底寬肆丈高伍尺伍寸查該工內有窪形長陸拾壹丈牵深貳尺叁寸填寬叁丈與地相平每丈計土陸方玖分共土肆百貳拾方玖分再於坡面加帮長壹百肆拾丈頂寬壹丈柒尺壹寸底寬叁丈高伍尺伍寸與舊堤相平每丈計土拾貳方玖分伍厘貳毫共土壹千捌百壹拾叁方貳分捌厘又以頂作底上面加高貳尺伍寸計底寬肆丈壹尺壹寸收頂寬貳丈捌尺每丈計土捌方陸分肆厘共土壹千貳百玖方陸分叁共土叁千肆百肆拾叁方柒分捌厘每方銀壹錢肆分共估銀肆百捌拾貳兩

壹錢貳分玖厘該工合新舊計頂寬貳丈捌
尺底寬柒丈高捌尺
壹新戴字叁號及肆號北首河面護堤埽工長伍
拾伍丈高壹丈貳尺寬壹丈伍尺舊埽存高
伍尺柒寸伍分加廂高陸尺貳寸伍分計單長
伍百壹拾伍丈陸尺貳寸伍分每丈用秫稭叁
拾束五半方共用
秫稭壹萬伍千肆百陸拾捌束柒分伍厘每束
重叁拾觔價銀貳分柒厘共銀肆百壹拾柒兩
陸錢伍分陸厘每單長壹丈添募夫貳名共募
夫壹千叁拾壹名貳分伍厘每名銀肆分共銀

肆拾壹兩貳錢伍分

前工埽上加築土頂高貳尺寬壹丈肆尺每丈計土

貳方捌分共土壹百伍拾肆方每方銀壹錢肆分

共銀貳拾壹兩伍錢陸分共估料物夫工銀肆百

捌拾兩肆錢陸分陸厘

以上泉河廳屬咨案工程通共用銀玖百陸拾

貳兩伍錢玖分伍厘

以上運加捕上下泉陸廳光緒拾玖年咨案工

程通共用銀陸千玖百肆拾柒兩肆錢壹

分陸厘

臣許　跪

奏為查明光緒拾玖年分河防局承辦豫省黃河南岸上南
河廳屬鄭州下汛玖拾拾壹等堡及鄭工大壩碑亭後南
面隄身裂縫處所修築土工並採辦碎石撥給兩岸杂廳
加拋碎石垻埽工段用過土石方價銀兩細數謹繕清單
循案恭摺
奏銷仰祈
聖鑒事竊臣前於光緒拾陸年捌月間奏定黃河兩岸歲修每
年請款即以陸拾萬兩垂為定額以肆拾捌萬兩概歸杂廳
赴司分次支領而另提拾貳萬兩設立河防局由臣主之
委員監辦據寔開單報銷仰蒙

恩准欽遵試辦在案茲據河防局呈據承辦工程委員等造
具銷冊並據各該廳等查明造具印冊先後稟送請分別
奏咨前來查修築上南河廳屬鄭州下汛玖拾拾壹等堡並鄭
工大壩碑亭後南面堤身裂縫處所土工共柒段共長伍
百肆拾 丈共用例津加價銀壹萬貳千肆拾肆兩柒錢又
該廳屬鄭州下汛拾柒堡下首頭道大土壩西面拋築石垛
貳道共長貳拾丈共用石方銀伍萬玖拾壹兩叁錢陸分
中河廳屬中牟下汛柒堡 挑水壩尾頭埽前建築石
壩壹道長捌丈肆尺捌堡人字壩第陸埽下首加拋石壩
長拾貳丈伍尺共用石方銀貳萬肆千柒百伍拾叁兩
玖錢陸分下南河廳屬祥符上汛拾捌堡順埝第壹道

土垻基迤上抛築石垻壹道長陸丈共用石方銀陸千叁
百肆拾陸兩伍錢壹分貳厘黄沁廳屬唐郭汛攔黄埝頭
道磚護垻迤上空檔抛築石垜壹道長陸丈貳尺共用石
方銀肆千柒百叁拾捌兩陸錢貳分玖厘衛粮廳屬陽武汛
拾柒堡月石垻尾土垻頭加抛碎石壹段長柒丈貳尺共
用石方銀伍千貳拾陸兩伍分祥河廳屬祥符上汛拾
伍堡魚鱗垻迤下空檔加抛石垻長玖丈伍尺肆寸共
用石方銀捌千柒百肆拾貳兩玖錢柒分捌厘下北河廳
屬祥符下汛貳堡迤下順堤加抛石垻長伍丈壹尺共用
石方銀捌千肆百壹拾壹兩陸錢叁分肆厘以上南北兩岸
柒廳統共抛辦碎石垻垜共柒案共用石方銀拾萬捌

千壹百壹拾壹兩壹錢貳分叁厘以上通共用過土石
方價銀拾貳萬壹百伍拾伍兩捌錢貳分叁厘壹再駁
減確切釐剔俱係實工實用無可核減惟查此案
原奏歲額河防局另提銀拾貳萬兩內尚不敷銀壹
百伍拾伍兩捌錢貳分叁厘好在為數無多彌補較
易容臣另行設法辦理斷不准再行請領找發以
重度支而昭核實除照例另造銷冊送部查核外
謹繕清單恭呈
御覽理合遵章循案恭摺具陳伏乞
皇上聖鑒飭部核銷施行再比較銀數已另摺彙案分晰
比較合併聲明謹

奏
光緒拾玖年拾壹月拾捌日具
奏於拾貳月初叁日奉
硃批該部議奏單併發欽此

工部謹
奏為查明東河光緒拾玖年分辦過各工動用銀數循例恭摺奏
聞仰祈
聖鑒事竊照道光拾伍年柒月奉
上諭嗣後兩河工程奏銷銀數著工部按照開報銷冊逐款勾稽將每
年動用各款開具簡明總數於年終彙奏壹次以重度支而
昭核實等因欽此又光緒拾捌年閏陸月臣部具奏嗣後河防
局工需自應壹律歸入比較奏
旨依議欽此欽遵各在案茲據河東河道總督許振褘光緒拾玖
年分豫東黃運兩河各廳並河防局辦過各案所用銀數繕
單比較壹摺光緒拾玖年拾壹月貳拾柒日奏

硃批工部知道单併發欽此欽遵由內閣抄出到部除山東運河比
較銀數照案由臣部另行附片具陳外查单開豫省黄河兩
岸柒廳光緒拾玖年分辦過埽磚土石各工共用銀肆拾捌萬
壹千叁百柒拾壹兩叁錢伍分捌厘比較拾捌年計少銀貳萬
叁千肆百陸拾伍兩零比較拾柒年計多銀貳萬肆千捌百
壹拾叁兩零比較拾陸年計少銀拾肆萬柒百柒拾伍兩零
河防局委辦各工共用銀拾貳萬壹百伍拾伍兩捌錢貳
分叁厘比較拾捌年計少銀壹千肆百肆拾貳兩零比較拾
柒年計少銀壹萬玖千陸拾兩零拾陸年尚未改章無從比
較臣等伏查豫省黄河修防經費光緒拾陸年奏定自拾柒
年為始每年以陸拾萬兩作為定額內以肆拾捌萬兩撥歸

柒廳辦工另提拾貳萬兩設壹河防局以為防變保險之資
今據奏稱光緒拾玖年分兩岸柒廳共需銀肆拾捌萬壹千叁百
柒拾壹兩叁錢伍分捌厘內動用拾捌年存工石磚值銀陸
百貳拾肆兩伍錢壹分壹厘又動用拾捌年採割堤葦草刀
工銀伍百陸拾貳兩伍錢柒分壹厘向在河銀項下支發又動
用柒廳歲支額款銀肆拾捌萬兩以上共合銀肆拾捌萬壹千壹
百捌拾柒兩捌分貳厘計不敷銀壹百捌拾肆兩貳錢柒分陸
厘已據原奏聲明由該河督自行彌補不再找發等語臣等
逐款勾稽動支銀數相符應請如所奏辦理仍令該河督照例
具題估銷除是年河防局動支銀數應俟冊報到日再由臣另
摺覆奏外所有循例奏

聞緣由理合恭摺具奏伏乞

皇上聖鑒再該河比較該河督依限奏報合併聲明謹

奏

再山東運河奏咨各工動用工需比較上叁年銀數曾經臣部

奏明另摺具陳辦理在案茲據河臣許振禕奏稱運河道屬

光緒拾玖年分奏辦各工共用銀伍萬伍千伍拾柒兩伍錢玖分

比較拾捌年計少銀捌拾叁兩零比較拾柒年計少銀肆拾陸兩零

比較拾陸年計少銀陸百拾柒兩零運河咨案各工共用銀陸

千玖百肆拾柒兩肆錢壹分陸厘比較拾捌年計少銀肆拾貳兩零比

較拾柒年計少銀肆拾捌兩零比較拾陸年計少銀肆拾壹

兩零臣等查山東運河道屬光緒拾玖年奏辦各工先經該

河督奏撥銀陸萬兩咨案各工向例每年准撥銀柒千兩今據
奏稱運河奏辦各工共用銀伍萬伍千伍拾柒兩伍錢玖分咨
案各工共用銀陸千玖百肆拾柒兩肆錢壹分陸厘且部核與
原請准撥之數有減無增應請准如所奏辦理仍令該河督
轉飭分別題咨報部估銷所有查明山東運河奏咨各工動
用銀兩比較上叁年用數循例奏
聞緣由謹附片具陳伏乞
聖鑒謹
奏
光緒拾玖年拾貳月貳拾伍日具
奏本日奉

旨依議欽此

謹將光緒拾玖年河防局委員修築黃河南岸上南河廳屬
鄭州下汛玖拾拾壹等堡鄭工大壩碑亭後南面堤身裂縫
處所土工並採辦碎石加拋上南中河下南黃沁衛糧祥河下
北榮廳未成碎石工段高深長寬丈尺土石方價銀兩繕具
清單恭呈
御覽
上南河廳屬
鄭州下汛玖堡大隄工長叁百伍拾丈今 分叁段除壹貳
段不估外
叁段長伍拾陸丈現量大隄頂寬貳拾捌丈貳尺南
面灘高貳丈 北係埽工

今估大隄北唇築做子埝項寬肆丈底寬捌丈高
捌尺每丈土肆拾捌方共土貳千陸百捌拾捌方每
方估例津貳價銀叁錢伍分共銀玖百肆拾兩
捌錢該工隔水遶遠取土倍費人工例津貳價
不敷辦理每方另請加價銀壹錢共銀貳百陸
拾捌兩捌錢貳共銀壹千貳百玖兩陸錢
拾堡大隄工長叁百肆丈因光緒拾叁年漫口繞北堵
合現長叁百零玖丈較舊隄長肆丈今分叁段
壹段長伍拾肆丈現量大隄頂寬貳拾捌丈貳尺南面
帝高貳丈北係埽工
今估大堤北唇築做子埝項寬肆丈底寬捌丈高捌

尺每丈土肆拾捌方共土貳千伍百玖拾貳方每方
估例津貳價銀叁錢伍分共銀玖百柒兩貳錢
該工隔水遥遠取土倍費人工例津貳價不敷
辦理每方另請加價銀壹錢共銀貳百伍拾玖兩
貳錢貳共銀壹千壹百陸拾陸兩肆錢
貳段長壹百伍拾丈現量大堤頂寬貳拾柒丈南面
牵高貳丈陸尺北係埽工該工係鄭工大壩柴
底築做又係碑亭後裂縫處所上年築做土工
本年交汛後大雨如注致將大隄南頂冲蟄殘
缺壹處牵長肆拾陸丈
今估先塡隄頂殘缺牵寬肆丈伍尺牵深叁尺每

丈土拾叁方伍分共土陸百貳拾壹方再於北唇
築做子埝頂寬肆丈底寬捌丈高捌尺每丈土
肆拾捌方共土柒千貳百方貳共土柒千捌百貳
拾壹方每方估例津貳價銀叁錢伍分共銀貳
千柒百叁拾柒兩叁錢伍分該工隔水遠遠取
土倍費人工例津貳價不敷辦理每方另請加
價銀壹錢共銀柒百捌拾貳兩壹錢貳共銀叁千
伍百壹拾玖兩肆錢伍分
叁段長壹百伍丈分上下截
上截長肆拾丈現量大隄頂寬貳拾捌丈貳尺南面牽
高貳丈伍尺北係埽工

今估大隄北唇築做子埝頂寬肆丈底寬捌丈高
捌尺每丈土肆拾捌方共土壹千玖百貳拾方每
方估例津貳價銀叁錢伍分共銀陸百柒拾貳
兩該工隔水遶遠取土倍費人工例津貳價不
敷辦理每方另請加價銀壹錢共銀壹百玖拾
貳兩貳貳共銀捌百陸拾肆兩
下截長陸拾伍丈現量大隄頂寬貳拾丈陸尺南面
牽高貳丈肆尺北係埽工該工南頂有殘缺壹
處牽長叁拾丈
今估先填殘缺牽寬貳丈伍尺牽深叁尺每丈土
柒方伍分共土貳百貳拾伍方再於北唇築做

子埝頂寬肆丈底寬捌丈高捌尺每丈土肆拾捌
方共土叁千壹百貳拾方貳共土叁千叁百肆拾
伍方每方估例津貳價銀叁錢伍分共銀壹
千壹百柒拾兩柒錢伍分該工隔水遶遠取土
倍費人工例津貳價不敷辦理每方另請加
價銀壹錢共銀叁百叁拾肆兩伍錢貳共銀壹
千伍百伍兩貳錢伍分
拾壹堡大隄工長叁百伍丈因光緒拾叁年漫口繞
北堵合現長叁百壹拾丈較舊隄長伍丈今分叁
段除貳叁段不估外
壹段長壹百柒拾伍丈分上下截

上截長叁拾丈現量大隄頂寬貳拾丈陸尺南面牵
高貳丈伍尺北係臨黄
今估大堤北唇築做子埝頂寬肆丈底寬捌丈高捌尺
每丈土肆拾捌方共土壹千肆百肆拾方每方估例
津貳價銀叁錢伍分共銀伍百肆兩該工濵水
遠遠取土倍費人工例津貳價不敷辦理每
方另請加價銀壹錢共銀壹百肆拾肆兩貳共銀
陸百肆拾捌兩
下截長壹百肆拾伍丈現量大隄頂寬貳拾丈陸
尺南面牵高壹丈玖尺北係臨黄
今估大隄北唇築做子埝頂寬肆丈底寬捌丈高

捌尺每丈土肆拾捌方共土陸千玖百陸拾方每
方估例津貳價銀叁錢伍分共銀貳千肆百叁
拾陸兩該工隔水遥遠取土倍費人工例津
貳價不敷辦理每方另請加價銀壹錢共銀
陸百玖拾陸兩貳共銀叁千壹百叁拾貳兩
以上共工柒段共長伍百肆拾丈共估土貳萬陸
千柒百陸拾陸方每方估銀叁錢伍分共
銀玖千叁百陸拾捌兩壹錢該工隔水遥遠
取土倍費人工例津貳價不敷辦理每方另
請加價銀壹錢共銀貳千陸百柒拾陸兩陸
錢貳共銀壹萬貳千肆拾肆兩柒錢

又該廳屬
鄭州下汛拾柒堡下首頭道大土壩西面拋築石垛
貳道
第壹道石垛週長拾丈頂寬壹丈底寬拾柒丈
牵寬玖丈高深肆丈每丈石叁百陸拾方共計
石叁千陸百方每方例價銀陸兩玖錢玖分
陸厘共銀貳萬伍千壹百捌拾伍兩陸錢
第貳道石垛週長拾丈頂寬玖尺底寬拾陸丈玖尺
牵寬捌丈玖尺高深肆丈每丈石叁百伍拾陸
方共計石叁千伍百陸拾方每方例價銀陸兩
玖錢玖分陸厘共銀貳萬肆千玖百伍兩柒錢

陸分
以上石梁貳道共用石柒千壹百陸拾方共銀
伍萬玖拾壹兩叁錢陸分

中河廳屬
中牟下汛柒堡挑水壩尾頭埽前建築石壩壹道長
捌丈肆尺
今估築壩長捌丈肆尺頂寬伍尺底寬拾丈伍尺
鑲寬伍丈伍尺高深貳丈伍尺每丈石壹百叁拾
柒方伍分共計石壹千壹百伍拾伍方每方估例
價銀柒兩捌錢玖分陸厘共銀玖千壹百壹拾玖
兩捌錢捌分

捌堡人字垻第陸埽下首光緒拾捌年建築石垻
壹道長玖丈頂寬壹丈底寬拾伍丈牽寬捌丈
高深叁丈伍尺共計石貳千伍百貳拾方
今估加拋石垻長拾貳丈伍尺頂寬壹丈底寬拾柒
丈牽寬玖丈高深肆丈每丈石叁百陸拾方共
計石肆千伍百方內除舊石貳千伍百貳拾方
實加拋新石壹千玖百捌拾方每方估例價銀
柒兩捌錢玖分陸厘共銀壹萬伍千陸百叁拾
肆兩捌分

以上垻工貳道共長貳拾丈玖尺共估石叁千
壹百叁拾伍方每方估例價銀柒兩捌錢

玖分陸厘共銀貳萬肆千柒百伍拾叁兩玖

錢陸分

下南河廳屬

祥符上汛拾捌堡月埝第壹道土垻基迆上

今抛築石垻壹道長陸丈頂寬肆尺底寬叁丈玖

尺牽寬肆丈壹尺伍寸高深叁丈每丈用石壹

百貳拾肆方伍分共用石柒百肆拾柒方每方例

價銀捌兩肆錢玖分陸厘共銀陸千叁百肆拾

陸兩伍錢壹分貳厘

黃沁廳屬

唐郭汛攔黃埝頭道磚護垻迆上空檔

今拋築石梁壹道長陸丈貳尺頂寬捌尺底寬拾丈捌尺牽寬伍丈捌尺高深貳丈伍尺每丈石壹百肆拾伍方共計石捌百玖拾玖方每方例價銀伍兩貳錢柒分壹厘共銀肆千柒百叁拾捌兩陸錢貳分玖厘

衛糧廳屬

陽武汛拾柒堡月石壩尾土壩頭 光緒拾柒年建

拋碎石壹段牽長伍丈牽寬貳丈柒尺高深貳丈貳尺計石貳百玖拾柒方

今加拋連舊石牽長柒丈貳尺頂寬壹丈伍尺底寬柒丈伍尺牽寬肆丈伍尺高深叁丈每丈石壹百

叁拾伍方共計石玖百柒拾貳方內除舊石不計
外實加拋新石陸百柒拾伍方每方例價銀柒兩
肆錢肆分陸厘共銀伍千貳拾陸兩伍分

祥河廳屬

祥符上汛拾伍堡魚鱗埧迤下空檔光緒拾柒年拋築
石埧壹道長柒丈陸尺頂寬壹丈肆尺底寬拾壹
丈肆尺高深貳丈伍尺 共石壹千貳百壹拾陸方
今估加拋連舊石長玖丈伍尺肆寸頂寬壹丈伍
尺底寬拾叁丈 伍尺 高寬柒丈伍尺 高深叁
丈每丈一石貳百貳拾伍方共計石貳千壹百肆拾
陸方伍分內除舊石不計外實加拋新石玖

百叁拾方伍分每方例價銀玖兩叁錢玖分
陸厘共銀捌千柒百肆拾貳兩玖錢柒分捌厘

下北河廳屬

祥符下汛貳堡迤下順隄光緒拾柒年抛築石垻
壹道牽長伍丈壹尺牽寬陸丈伍尺高深叁
丈共石玖百玖拾肆方伍分
今加抛連舊石牽長伍丈壹尺高深肆丈頂寬壹
丈底寬拾柒丈牽寬玖丈每丈計石叁百陸拾
方共計石壹千捌百叁拾陸方內除舊石不計
外實加抛新石捌百肆拾壹方伍分每方例價
銀玖兩玖錢玖分陸厘共銀捌千肆百壹拾壹

兩陸錢叁分肆厘

以上豫省黃河南北兩岸柒廳抛辦未成碎石垻

朶工程共柒案共長柒拾肆丈玖尺肆寸

共用石壹萬肆千叁百捌拾捌方方價不

壹共用銀拾萬捌千壹百壹拾壹兩壹錢貳

分叁厘

以上豫省黃河南岸上南廳修築土工並柒廳碎石

工統共估需土石方價銀拾貳萬壹百伍拾

伍兩捌錢貳分叁厘

工部謹
奏為遵
旨議奏事內閣抄出河東河道總督許振褘奏光緒拾玖年河防局承
辦工料動支銀數開单具奏壹摺光緒拾玖年拾壹月貳拾柒日奉
硃批該部議奏单併發欽此欽遵到部於光緒貳拾年貳月初叁日
據該河督造册咨送前來臣等查豫省黃河修防經費光緒拾陸
年奏定自拾柒年為始每年額撥銀陸拾萬兩內以肆拾捌萬兩
撥歸柒廳另提拾貳萬設壹河防局以為防變保險之用今據册
報該局光緒拾玖年承辦上南河廳屬鄭州下汛玖拾拾壹等堡
修築大堤共長伍百肆拾丈又該汛拾柒堡下首頭道大土壩西
面拋築石垛貳道共長貳拾丈中河廳屬中牟下汛柒堡挑水

垻尾頭埽前建築石垻壹道長捌丈肆尺捌堡人字垻第陸
埽下首加拋石垻長拾貳丈伍尺下南河廳屬祥符上汛拾捌
堡月埝第壹道土垻基迤上拋築石垻壹道長陸丈黃沁廳
屬唐郭汛攔黃埝頭道磚護垻迤上空檔拋築石垛壹道長
陸丈貳尺衛粮廳屬陽武汛拾柒堡月石垻尾土垻頭加拋碎石
壹段長柒丈貳尺祥河廳屬祥符上汛拾伍堡魚鱗垻迤下
空檔加拋石垻長玖丈伍尺肆寸下北河廳屬祥符下汛貳堡
迤下順堤加拋石垻長伍丈壹尺以上通共用過土石方價銀拾
貳萬壹百伍拾伍兩捌錢貳分叁厘實請銷銀拾貳萬兩且等
覆加查核動支銀數相符應請准其開銷其不敷銀壹百伍拾
伍兩捌錢貳分叁厘既據原奏聲明已由該河督自行設法

辦理不再請領戎餉自應毋庸置議仍由臣部移咨户部備

案所有遵議緣由謹恭摺覆陳伏乞

皇上聖鑒再此摺因候冊到核辦是以覆奏稍遲合併聲明謹

奏

光緒貳拾年貳月貳拾貳日具

奏本日奉

旨依議欽此

監河書牘存稿

監河書牘存稿

監河書牘存稿目録

條陳運河內外有關航路民田各項緊要工程分別辦法節略

記五羊坡便民閘

記獲麟古渡

記蜀山湖

記寺前柳林利運金線四閘

記曾子故里

記分水龍王廟

記大野澤
記闞城
記靳口至安山河道隄工
記宋江碑
記道館
記戴村埧
記戚城部城
記新河始末

記楊公祠三公祠

議覆會勘東平一帶水利情形稟光緒二十九年上本道張

敬稟者竊於正月初七日接奉
鈞札以查放義賑南省紳士林之琪條陳東平一帶水利大略情形飭凌雲前往東平會同省委魏守家驊查照南紳所陳各節確細勘明妥議繪圖貼說具稟核辦等因蒙此凌雲遵於初八日起程馳抵東平會同魏守於初十日沿大清河北岸赴戴村壩查看來源十一日旋自龍崮村查看大小清河分流處所時小清河已乾大清河水亦深不盈尺十二日由東平赴馬家

口查看小清河入大清河口門自解家口乘船至安山查看太
安廠紅沙灣一帶官隄民埝漫溢情形十三日由坡河北下至
張家口查看大清河入坡河口門十四日遭風晚泊鵞山十五
日至龐家口查看清水入黃暨黃河南岸一帶形勢然後按逐
該南紳所陳各節確細推求伏查該南紳所擬以疏放微山湖
水涸出湖地招民價領爲首先辦法而堵住運河北流之水次
之修築坡河兩隄加高東南大堤又次之挑深龐家口於黃河
南岸築堤於龐家口建閘又次之竊見該南紳目擊東平被水

情形思拯災黎於昏墊其意誠為可嘉而其說則多有不可行
者茲請為
憲台縷晰陳之微山湖不知始於何時而湖口舊閘係明萬歷
三十二年建是萬歷以前即有此湖可知也按該湖界滕嶧徐
沛之間周圍一百八十里凡昭陽南陽諸湖及金單曹定等十
一州縣坡河之水皆南注之誠兖徐間一巨浸也如該紳所擬
疏涸一節現在水小縱能放之使出而伏秋南注之水其能拒
之不入乎即使高築堤堰以資捍禦而北來諸水不得歸宿勢

必汎濫則湖中涸出之田不過萬頃而湖外淹沒之田將不知其幾萬頃矣說之不可行者此其一運河在濟甯以南常患水多在濟甯以北常患水少自明臣宋禮用老人白英策築戴村壩截汶南流入南旺分水口南北濟運而運道始通現雖漕艘停運而鹽船賴之商船賴之南北民食挹注之船又賴之若因東平一隅偏災竟將運河堵住使有南流而無北流是欲止兒啼而塞其口也說之不可行者此其一東平州東南大壩即戴村三壩也舊制玲瓏壩高七尺亂石壩高六尺二寸滾水壩高

五尺自乾隆十三年大學士高文定公斌奏准將玲瓏壩落低七寸而玲瓏壩之高遂與亂石壩等現因河身日淤日高壩面出水僅二三尺該紳以水漲之時壩上過水太多東平數逢其害因擬加高尺許并擬將壩南河頭挑河二三里以減西漫之水似矣然此但為東平之民計而未為汶上之民計耳請以近事言之去年五六月間汶水漲發壩上過水至六尺之深而汶河下游草橋一帶水已出槽波及汶上縣城若如該紳所擬將壩加高一尺水大之年姑不必論即以去年漫壩之水六尺計

之是漫埧之水仍有五尺西漫之水減少一尺南注之水必增
多一尺減一尺於東平之害無所損增一尺而汶上之害不堪
言矣夫去害東平而貽害汶上猶不可為況貽害汶上並不能
去害東平乎說之不可行者此其一黃河自穿運而後由十里
堡經陶城堡至姜家溝折而北走而東平之坡河實自南岸之
龐家口入之當黃河初來河身低下龐家口地形高阜勢若建
瓴是時雖有黃河不為害也自黃河淤高一遇漲發即由龐家
口倒灌而南坡河被遏激不得出東平一帶遂成澤國問之居

人東平被害現已二十五年此亦河勢為之人力之無可如何者矣如該紳所擬在黄河南岸築堤數十里并在龐家口建閘以禦黄河倒灌之水此其意蓋以築隄一事無論築長若干里勢不能并龐家口而築之有此一口即不免黄水之倒灌故擬建閘以禦之不知東平之害雖黄河害之實黄河之過坡河以害之也不建閘則水漲之時黄河固足以過坡河既建閘則下板之後不猶助黄河以過坡河乎況黄河源大流長一遇漲發每至累日連旬不稍耗減既經下板黄水一日不見消則閘板

一日不能啟即坡河一日不得出既不得出即必倒漾是不築隄建閘而東平之害未已既築隄建閘而東平之害仍未已也譬抱薪而救火猶止沸而揚湯徒事駢枝無關痛癢說之不可行者此其一龐家口為坡河入黄尾閭當黄河倒灌之後水退沙留誠有淤高之慮然黄水一落清水大至遂即刷開聞之土人從來如此歷驗不爽故呼之為活河口去年臘月黄河暴漲該口為積凌堵塞東平州南大橋一帶長水至五尺迨黄河之水一消東平之水亦驟落凌雲等於履勘該口時見兩岸積凌

猶未化盡而中流暢達絕無阻格情形不待人力挑挖竟能疏通如此此亦清水自能刷蕩之明證矣如該紳所擬挑深一節不惟徒勞亦且糜費河工之事有作之未為得不作亦未為失者此類是也說之可行而不必者又其一此外於沮洳湫隘之鄉為救弊補偏之計惟有該紳所擬加修坡河隄工一議尚可見諸施行然亦必將大小清河之殘缺者大加補修於馬家口張家口之壅滯者備為挑濬與夫修坡河隄工相副而行乃克收二麥有秋之效惟現在坡河仍是一片汪洋其正河之闊狹

淺深及應修兩岸之里至起訖在在均難測度應俟坡水大落
涸出河形再由
憲裁酌奪辦理可也以上各節淩雲等於履勘之際再四熟商
而又延訪紳耆諮詢道路於可行者既不敢偏執己見貽誤究
區於不可行者亦不敢曲徇人言致礙全局此會同奉勘之實
在情形理合稟覆仰乞
鑒核施行

亟陳本屬河道情形請迅加挑築稟 光緒三十一年上本道黎

敬稟者竊於十一月二十五日聞運河廳所屬之湖口閘等處
水淺致鹽船不能暢駛經南運局員稟蒙
撫帥電諭會辦運工郭道并運河廳恩丞飭速設法辦理勿誤
鹽船行駛致干未便等因凌雲從旁竊聽觸類驚心因思本廳
所管河道與運河廳屬本係一水相通鹽船自北而南至龐家
口出黃達坡抵安山鎮入運必運河之水一律平深無阻乃能
暢行南下倘此間有一處不通即致全幫不進全幫不進即北
路安居鹽場且不得鹽何論南運是北運之鹽視南運為更亟

亦北運之水較南運為尤要也而北運之水與南運之水又自
不同南運之水自濟甯以南既有府洸泗各河暨山泉諸小水
為之灌輸又有南陽昭陽微山等湖資其挹注雖有淺阻有水
可藉尚無大礙北運之水計北自東平之安山鎮至濟甯之五
里營共長一百五十餘里除汶水自劉老口入運南北分流外
别無涓滴來源其間河道惟鉅嘉汛内尚有蜀山一湖可資宣
洩自此而北如汶上東平等汛即勺水亦不可得然汶上一汛
猶有閘座之可恃一有淺阻則將下流之閘閉板貼席尺儲寸

積由淺而深雖有遲滯猶不至大有為難獨東平州同汛自靳
口至安山三十里之河道為運河入坡之尾閭亦鹽船入運之
咽喉雖有安山一閘而東岸無隄水小則節節淺阻水大則處
處漏洩有閘與無閘等無論如何下板如何貼席欲求如他閘
之尺儲寸積由淺而深勢必不能是北運之水與南運不同而
此又不同之不同北運之水較南運尤要而此又尤要之尤要
者也夫同一河身而此獨多淺同一河岸而此獨無隄何也推
其原因均非無故微論其遠姑言其近凌雲於光緒二十八年

十一月初三日到任後親赴各汛逐一履勘彼時靳口迤北運
河東岸具有堤埝遥遥直接安山不過單薄耳當以改章另由
委員修辦二十九三十兩年均經興工加培而以夯硪爲多事
置之不用卒至旋修旋圮春間之工至秋已無新土無存舊土
亦因付爲有議者又以該處外有坡河一值伏秋大汛腹背受
敵縱使勉强修成亦難久立猶擲黄金於虚牝無益事功徒滋
靡費不如其已遂作罷論此近來靳口至安山無堤之原因也
運河行舟除啟閉各閘全賴挑濬以資浮泛或有以此說進者

又斥為外行之說且謂水底作工所費加倍其誰見之夫此既無堤又加不挑往來船隻至此擱淺待閘無濟非打壩攔河絕流積水別無能行之法於是官船倡之鹽船效之商船踵之該管汛員禁之不能出之無計惟有袖手旁觀聽其所為而打壩有人撈土無人打一壩即添一淺打十壩即添十淺日復一日年復一年遂成為今日靳口至安山之運河此近來靳口至安山多淺之原因也以上二者考其現狀則如此推其原因則如彼然則該處河道竟可置之不修乎是又不然夫築堤治河除

堅礙實夯挑淤濬淺外豈復有他謬巧不用夯硪以築無水之
堤猶且不可況其為兩面受水不行挑濬以治少淺之河尚屬
非宜況其有多數之淺使夯硪而果無益則必實行夯硪與不
行夯硪之工俱不能保而後可使挑濬而果無益則必曾經挑
濬與未經挑濬之處毫無所異而後可何以今年所修靳口以
北三百餘丈之工當以與東平民埝工程同時並舉恐相形見
絀奉飭實力夯硪間取河中淺涸之土移以築堤竣工後自夏
徂秋內河之搜淘淤墊外水之侵蝕浸淫較之昔年曾不少減

而該工至今尚存該處亦至今不淺以此知夯硪之多事而非
多事挑濬之外行而非外行坡河之能為堤害而不能為堤害
也誠於明年春間將該河淤淺處所逐加挑濬即以挑河之土
築成岸上之堤挑一尺之河即成一尺之堤成一尺之堤即可
當二尺之用其挑土不數築作之處則取之外坡以增卑而培
薄然必須層層纍土層層夯硪務至錐試無滲而後已似此則
中河多淺而無淺東岸無堤而有堤安山之閘無用而有用此
處無阻北運乃可保無虞北運無虞南運乃可得而言焉不然

者轉瞬春暖河開鹽船即連檣而至倘有不通則咽喉失利吐納奚資尾閭弗暢流行何自關係大局殊非淺鮮　淩雲自待罪捕河三年於兹尺寸之工亟未領辦自聞撫帥前電後晝夜焦思欲安緘默則譴責將加欲效股肱則事權不屬惟有將所管河道情形暨廢弛之由并補救之法條分縷晰披瀝上陳仰祈鑒核迅賜施行

議覆裁工巡營改辦水巡警有何利弊稟上本道吴　宣統元年

敬稟者竊於本月初四日接奉
鈞札以奉
撫憲札飭會議留學日本警察畢業生議敘鹽大使樓兆梧稟
陳工巡營積弊暨籌辦運河水上警察章程等情粘抄
飭委凌雲立即遵照查明現設工巡營與改辦水巡警有何利
弊切實籌議限日稟覆核辦等因蒙此凌雲遵即詳閱原稟各
條按據運河現在之情形參酌該員所陳之條目竊見運河有
不便於警察者二警察有不便於運河者三請為

憲台縷晰陳之運河自改章後裁去黃河以北之汛段所留者
北自十里堡起南至黃林莊止計程五百餘里而安山以北至
姜家溝七十里之坡河不與焉於此而議設警察其運河以外
之戶口無水阻隔可為警察耳目所及而編查者不過濟甯以
北至安山西岸之百餘里及夏鎮以南至台莊東岸之百餘里
耳此外則非阻於湖水即阻於坡水如東岸則有馬踏湖蜀山
湖馬場湖獨山湖又有東平之坡水汶上之坡水濟甯之坡水
西岸則有南陽湖昭陽湖微山湖又有牛頭河之坡水沈粮地

之坡水皆附近運堤湖坡相連汪洋一片長各三百餘里寬或十數里至數十里不等其中居民惟昭陽湖微山湖二百餘里之間村落較巨亦較密且為著名多盜之鄉而地屬江南不能入我警察範圍之內餘則為耳目所可及者惟各湖各坡之民耳湖民以菱藕魚蝦為業大半浮家泛宅朝東暮西靡有定處坡民常年被淹又多流離轉徙謀食他方間有村落亦十室九空似此而言編查戶口微論不能即使勉强數衍而舟楫難通人跡罕到瞭望弗及梭巡不能徒託空言無裨實績非警察之

宜也運河不便於警察者此其一運河西通河洛南通江淮商舶往來帆檣如織以此而言弭盜以保商旅似矣然運河非弭盜之地也蓋運河兩岸皆有堤堰迤邐直接江南與港汊紛歧之河盜賊出入可以飄忽往來者不同其間又有閘座節節攔阻以商船言此為利途以賊船言此為絕地盜亦有道其肯自投羅網乎令不辦警察則已如辦警察亦宜在陸地而不宜在運河誠能於各鄉村鎮普設警察以斂盜跡實行警察以清盜源使陸地有夜不閉户之休運河自可蒙布帆無恙之福不此

之審而猥曰弭盜運河無盜姑不必言即使有盜乘其空虛偷越運堤劫掠而去迨巡兵既至內制於堤外制於水盜能來我不能往束手無策直徒喚奈何焉耳故曰運河非弭盜之地也運河不便於警察者又其一至於運河行船全恃各閘以為關鍵啟閉一事雖為粗人之事實非生手所能全河之閘計三十有六具有閘無板無事啟閉者勿論已即如倒塘之閘或宜上啟下閉以蓄水勢或宜時啟時閉以救淺船或宜一啟盡啟以消盛漲因應之妙已非熟悉情形者不能勝任至若柳林一閘

有兼濟南北之分淺在北則須閉板以遏之淺在南則須啟板以注之彭口夏鎮二閘有相需相待之勢彭口閉板夏鎮亦須閉板不然則積水不深彭口啟板夏鎮亦須啟板不然則後水不繼啟閉得當空船行重船亦行啟閉失宜去船淺來船亦淺槩手何人詎足知此改設警察使司閘座必致啟閉乖方如此則於運道不便不甯惟是運河本為無水之河特借汶泗諸河之水以為河者也春夏之間汶泗水小來源微弱運道淺阻南陽以北則賴利運閘之湖水馬韓莊以南則賴湖口閘之湖水

焉而二閘之間湖口閘爲尤要現經

撫憲剴切曉諭勒石河干明示啟板之日期嚴定私放之罪名

而又移駐汛哨官弁於韓莊使之互相稽查互相監理誠重之

也若由槳手經管汛官即不得過問必將任意啟放惟警察之

巡船是利貽誤湖河實非淺鮮如此則於蓄洩不便不甯惟是

運河修工處處皆有歲歲常然平工之需船可遲險工之需船

難緩以故運料有船送款有船工員之往來巡視有船其過閘

也旦晝有啟暮夜亦有啟晴明有啟風雨亦有啟惟各閘之應

命也速故執事之程工也提原稟擬以本區槳手司閘謂如屬河工局員權限之內恐呼應不靈致多貽誤如屬警察權限之內河工局員獨不恐呼應不靈致多貽誤乎如此則於運工不便此皆警察不便於運河者也總之不便於警察難乎其為警察不便於運河難乎其為運河夫難乎其為警察運河之妨害於警察者尚淺至難乎其為運河警察之影響於運河者實深運河本以閘座而成閘座亦因運河而設合之則雙美離之則兩傷此辯之不可不嚴爭之不容不力者也 凌雲 一介河員於

警察新政未嘗學問茲奉前因用敢不辭鄙陋妄貢芻蕘愚昧
之見是否有當理合禀覆仰祈
鑒核施行

議覆運河興利除弊變通辦法禀宣統元年
上本道吳

敬禀者竊於本月初十日接奉
鈞札以奉
撫憲札行諮議局提議運河辦法證以今日情形似未切中事
理惟何弊當除何利當興自應因地制宜各抒所見以求實際

粘抄

札飭凌雲即便遵照速將運河辦法逐條妥議稟候核覆等因

蒙此凌雲遵即詳加披閱按逐原議之條目體察現在之情形

竊見所擬辦法有窒礙難行者亦有可行而籌畫未為完善者

茲請為

憲台縷晰陳之一如廢湖田以蓄水也查運河自濟甯迆北瀕

河為湖者四曰馬場曰蜀山曰馬踏曰南旺除蜀山一湖現尚

蓄水濟運姑無具論外如馬場湖則收府泲二河之水者也馬

踏湖則收汶河異漲之水者也南旺湖則收運河異漲之水自芒生閘入牛頭河逕南陽昭陽二湖入微山湖自湖口閘洩以濟下八閘者也自府洸堙塞馬場湖已無來源汶河盛漲挾沙帶泥馬踏湖亦久淤平無能瀦蓄南旺湖自牛頭河淤廢亦無去路芒生閘洩水不惟遠不能至昭陽微山近亦不能至南陽而濟甯南境一帶民田反受其害是此三湖之涸而為田不能蓄水亦陵谷變遷人力之無可如何者矣惟地盡膏腴人人窺伺不有限制必釀事端於是遂有湖田局之設非為與民爭利

蓋所以弭爭衅也議者不察而猥曰廢湖田以蓄水夫廢湖田
亦自易易然廢湖田而能蓄水有益於運無害於民廢湖田猶
可說也廢湖田而不能蓄水無益於運有害於民廢湖田果何
說也所謂窒礙難行者此其一一如修挑運河官督紳辦也查
運河南自台莊北至安山計長五百餘里其流域所經爲州縣
者凡九無處無工即無工不應修今議各工飭官紳商一體分
認承修視出土之多寡比較用款之省費不知其將以一縣之
紳商承修一縣之工乎抑將以一縣之紳商兼修各縣之工乎

以一縣之紳商承修一縣之工既恐難得此多數之紳商以一
縣之紳商兼修各縣之工亦恐難得此特色之紳商况紳商而
賢方且招之不來紳商而劣亦且防之不易蓋官而不肖可以
官法治之紳商而不肖難以官法繩之也且運河工程亦不一
致同一堤工而取土有遠近同一挑工而出土有難易遠而難
者方價即大近而易者方價即小但以土方之多寡為比較豈
近而易者遂省乎遠而難者遂費乎此亦未足為定衡矣築室
道謀觀成無望事權不一牴牾必多所謂窒礙難行者此其一

一如運河各閘裁兵換夫也查運河自安山至台莊長河之閘凡三十六其有板者十有八每閘設夫自三十至二十名不等每名月給工食銀一兩二錢此舊制也自改章後以閘夫需索裁夫換兵而所換之兵即所裁之夫何也以啟閉一事實非其人不能也今議裁兵換夫是仍不過易兵之名呼作夫耳雖然為兵而有勢可憑遂如狼虎為夫而無威可假遂若犬羊理或然者裁兵換夫未為不可獨是為兵而月給三兩之餉為夫而僅予八畝之田使其專司啟閉必至坐廢耕耘使其盡力田疇

必至貽誤閘務況此區區八畝所入曾不足以餬其口又安能
以禁其貪手且換閘夫而未議及管理之人亦有疎而近縱之
弊所謂可行而籌畫未為完善者此也一如裁徹工巡營添設
水練也查運河之有工巡營本為運工而設是以當創制之初
各哨皆發給畚鍤擔杖等器具使司工作其云巡者特其作工
之餘事耳是豈重工輕巡哉蓋運河之患在水而不在盜也嗣
以使管閘座又使駐守船捐局遂無作工之事令以工巡營並
不作工而議裁議改似矣然改之而作工可也改之而仍不作

工不可也今試問所議之微山湖水練四隻何為者防盜也無與於運工也徐家營房暨湖口雙閘之水練八隻何為者防盜也無與於運工也上下游暨長河緊要處之水練八隻何為者防盜也無與於運工也目今運河當極弊之後款項支絀幾同數米為炊以運河所出之款養一作工之營運河庶有起色以運河所出之款養一防盜之營運河安望轉機即云運河有盜不可不防而現在新改之礮船四艘以之梭巡於湖河之間即已足供遊弋又何取此駢拇枝指為乎蓋運河之患在水而不

在盜也所謂可行而籌畫未爲完善者此也今不議換閘夫則已如議換閘夫則必仍給工巡兵之原餉分別閘務之繁簡每閘設夫十名或十五名且必移東平州判於靳口使管靳口閘兼管安山閘移東平州同於袁口使管袁口閘移汶上縣丞於寺前舖使管寺前柳林二閘兼管利運閘闞家大閘移鉅嘉主簿於火頭灣使管通濟閘使濟甯州判就近管天井在城石佛三閘兼管南門橋草橋移魚台主簿於新店使管新店閘移沛汛主簿於徐家營房使管徐家下單閘使滕汛縣丞就近管夏

鎮閘及新河上下二閘並兼管三孔閘修永閘移嶧汛縣丞於韓莊使管韓莊德勝萬年候遷台莊五閘兼管湖口雙閘此處汛段雖遠現既定有啟板准期無虞閘夫舞弊一人足以管理每閘令製備會牌數面上閘啟板必須預會下閘開板肇托不准違誤再由

憲台暨凌雲等不時明察暗訪遇有尅扣缺空需索等事即照湖口閘之例官則撤參夫則從嚴監禁必如此而後閘夫可換也令不議裁工巡營則已如議裁工巡營亦宜改工程隊而不

宜添水練船誠將工巡營之兵擇其熟悉啟閉者撥為閘夫計
尚可餘一營之半汰其老弱再加招募使足兩營改為工程隊
其薪餉一如工巡營之舊分布於南北運河使專司工作所有
應挑應修各工由廳官隨時估定寬深高厚丈尺會同隊長督
飭各隊遇隄修隄逢淺挑淺有大工則調集一處使共作一工
無大工則分撥各處使各作各工全隊皆作工之人終歲悉作
工之日既無委員夫頭之侵漁亦無承修分修監修之繁費如
此辦理年復一年不惟下八閘之砂礓可挑新河二十餘里之

西隄可成靳口至安山三十里之東隄可築而府河洸河牛頭
河之堙塞馬場馬踏南旺湖之淤墊亦可濬矣必如此而後工
巡營可裁也至水田征租一議此係廢湖田蓄水以後之事令
湖田既不能廢應請無庸置議以上各節於不可行者既不敢
曲徇人言以致無端之破壞於其可行者亦或以間出己意以
期盡利於變通現既逐條擬就所有遵議緣由理合稟覆愚昧
之見是否有當仰祈
鑒核施行

下八閘河道改挑為撈說

運河之有挑工舊矣然挑工之施於他處者猶不常有獨自韓莊至台莊八十餘里之間則無歲無之蓋此間地勢建瓴河底純係砂礓兩岸山河坡水旁穿側注溝汊紛歧一經噴淤航路即壅此所以無歲不挑者也而挑河之役既繁弊端即因之而起自古在昔吾不及知近如戊申己酉兩年皆大舉興挑費逾鉅萬是吾所耳而目之者語其閘壩則有築壩增淺之弊語其挑工則有切邊墊底之弊語其出土則有倒滾入河之弊語其

方價則有以少報多之弊迨工既訖功放水通船而航路之壅視未挑而尤甚當事者不知變計猶年復一年踵行不替一若下八閘之河道舍挑之一字外別無所謂治法者吁可怪已令年春間下八閘水小航路又壅余乃請於上而創為改挑為撈之法其器以鐵為杷及杈輔以箕杷九其齒齒之數勿增而勿減增已窓減已疎也杈三其股股之式本豐而末銳豐能堅銳能入也至於箕則編荊梢或蠟條為之皆穹其兩耳而翕其舌耳穹則提攜便舌翕則吐納利也其撈以每數人為一排人一

杷足蹋箕入水底以杷撈砂實箕中俟其滿後之人以空箕進易實者以出遇剛鹵杷撈或不入則掘以杈令鬆活亦每數人為一排而杷者繼之箕者又繼之層遞輪轉周而復始毋使怠其撈之寬量以能過兩船為衡惟其容不惟其廣其撈之深率以但去高凸而止惟其平不惟其凹其撈之砂礓則出之隄頂不用命者罪其魁其撈之工價則憑之上方不中程者罰勿赦議既定將施行焉而又慮事屬創始或行之而有齟齬也乃擇其最淺處曰太平橋者先行試辦有效則撈無效則已而如法

為之不數日間向之粼粼鑿鑿無船不浅者已如君山剗卻湘
水平鋪帆檣往来暢行無阻矣於是益為之具上自韓莊以南
凡淤浅處一依前法撈之施工甫十餘日以大雨時行水長而
止計撈浚之處四未浚之處三自停工迄今已五閱月矣適本
道吳公巡河至此備為查視見岸上撈出砂礓大如盎小如拳
者皆堆積如法而方價亦按堆可稽毫無欺飾情弊大加褒獎
雖其撈浚僅有數處而一隅如是三隅可知明春水落如須接
辦畚鍤具在舉而措之易易耳夫不築壩則河無留埂矣收上

方則夫無謬巧矣砂礓皆出之隄頂則倒滾入河之害去矣工
款一憑之方數則以少報多之計窮矣一舉而數弊胥除亦一
舉而衆善皆備安見下八閘之河道舍挑之一字外遂别無治
法哉余喜此法之行而有效又歎膠柱鼓瑟者之不知變計也
乃為之説以質前後之治下八閘者

答友人姜雲階問為令之道書

書來問為令之道甚勤且摯雲之愚陋何足知此雖然不可不
有以告吾弟為令之道千端萬緒吏僕難終而握要以言不過

存心治事二者而已存心之道奈何曰公而已曰誠而已治事之道奈何曰勤而已曰慎而已公則無私誠則無欺勤則無誤慎則無妄有以有私有欺有誤有妄而不能為令者未聞無私無欺無誤無妄而不能為令者也吾鄉之為州縣於外者近來亦頗不乏人矣某也庸撤任矣某也慳參官矣某也才而盬盬不飾蹶而復起起而又蹶矣李子仁品端學粹淡泊寡營以即用分湖北授某縣令以清訟為已任接受呈詞尋常細故從不濫准准則五日必結有不結輙徹夜不能寐曰吾負百姓保卓

異進京引見隻身行數千里不以僮僕自隨到京僦居僧寺中同鄉有見之者衣服樸素無異至寒之秀才　雲愛之重之願吾弟效之李次山豪俠尚義遇事勇為以諸生筮仕四川大府器重至於鄰省奏調本省奏留爭相羅致其署蓬州補遂甯皆以能名官聲既好宦囊亦不乏聞其以二品道員請終養回籍裘馬甚都里黨榮之推為吾承鄉宦第一　雲愛之重之不願吾弟效也蓋效子仁不得不失為謹飭人效次山不得將陷為驕奢吏矣昔有人一行作吏求言於友人友人舉陰騭文諸惡莫作

衆善奉行二語爲贈客有笑於座者曰此老生常談三歲小兒皆知得友人曰三歲小兒皆知得百歲老翁行不得此語深長有味令　雲所言亦猶是也倘不以爲老生常談見笑座客而留意焉則於爲令之道思過半矣

答門人張六吉推事書

六吉無恙得手書有云同年某自濟甯來傳吾師兼攝州篆甫二旬已交卸州人稱爲好官翕然無異辭不知吾師以五日京兆行何異政遽能得此美名願明示以爲弟子法披閱之下且

慚且駭以吾之材短不能為地方官故避而就河工為其事簡
而易稱是六吉所知者此次迫於上命兼攝州篆視事僅二十
日試問能行何政更何美名之可得而來書云云思之竟日不
能釋然既又思之此二十日中亦有數事可以問心而無愧然
皆不足以得美名茲勞遠問請為述之一是州城各商店向有
按季繳官規費每季約千餘全名曰季規實陋規也余來攝篆
適值秋初鹽店已照例送繳余以其為陋規意不欲受訪之友
人皆曰此係舊例取不傷廉余曰不取有礙乎曰恐礙後人事

余曰吾以河工來兼地方與地方人之署理代理者既不相同
又係同城現任官與候補之來自省城有賠墊者尤自有別該
商等何得援以為例雖不取何至礙後人事友人曰能如是乎
請行予志余乃召鹽商面諭却之並傳諭各商戶勿再繳此一
事也虛名之來其以此乎然臨財不苟得凡少知自愛者皆優
為之何足異一是本署吏科經書因瑣事與同院婦女某氏口
角用厨刀將某氏頭顱砍破血流被面該氏來署喊控余略一
審訊立命將經書縛來捽倒堂下時闔署胥吏皆為環跪求情

余毅然不顧竟將其重笞二百革退經書飭役嚴押候辦此一事也虛名之來其以此乎然嚴以馭下平以持法亦牧民之道當然也何足異一是余赴南鄉查看堤工途次有兄控其弟呑產者攔輿遞呈閱悉其母在日偏向少子所致視兄貌亦老實無他能因思此事其弟苟非大遠人情數語可了乃就近遶至其村向鄰里等密細訪問益知其兄所控非妄即命里長喚其弟至謂之曰汝兄告汝呑產吾已廉得其情知皆汝母偏心向汝所致同是一母之子獨厚少而薄長汝母亦大糊塗然母之

愛子與弟之愛兄情無二致試思此事母在汝難自專母沒汝
能自主汝看汝兄一貧至此我猶憐之汝與同胞獨享非分能
不動心汝能聽我言推汝母愛汝之心以愛兄將家產從公另
分既可下結兄懽亦可上幹母蠱汝亦得保其固有之產何美
如之不然且將取汝到官汝理本屈一堂而服已不免多一層
花費訟久不息汝之產亦必破與其以先人血產徒飽吏役之
手而為忍人何如分給赤貧之兄而為悌弟乎吾今此來是為
汝作和事老人不以官府之勢臨汝汝宜細思勿貽後悔又為

將古來讓宅讓田諸軼事愷切勸導其弟初猶爭執繼乃大哭曰吾母誤我既蒙教訓情甘另分不願涉訟余曰汝言實乎曰實乃將原呈擲還命里長及其親族鄰佑為之從公另立分券登車而去此又一事也虛名之來其以此乎然聞言知悟自是人有善根其弟有好官不與及且此事前人已有行之者吾特效之耳何足異孟子曰有不虞之譽又曰聲聞過情君子恥之來書云云自是傳聞失實正與孟子所謂不虞過情等吾雖非君子亦竊恥之且願六吉與我共恥之法云乎哉吳中暑濕於

北人不宜六吉新調來此頗能耐否秋氣漸涼伏惟珍愛

條陳運河內外有關航路民田各項緊要工程分別辦法節略民國二年上都督周

一分水龍王廟迆北至袁口閘之河道宜深加挑濬以利船行也查汶水自龍王廟入運雖係南北分流而地勢究屬北高南下故有七分南流三分北流之說地勢既高淤墊即易惟賴時加挑挖方可免淺阻之患溯前清光緒三十四年雖曾大挑一次而工不覈實一任夫頭作僞凡切幫墊底開埧留埂之弊無

所不有以故工竣後淺阻依然迄今淤墊又閱五年以目下情形論柳林閘下板蓄水已至平槽而劉老口一帶重船仍不能暢駛是其淤墊之厚蓋有不可以尺寸計者若不及時興挑將愈淤愈厚柳林下板無效則此間航路必至中斷矣此北路運河有關航路亟宜籌辦之要工也

一夏鎮迤南至郗山之運河宜改歸故道以資接通也查夏鎮迤南至郗山之運河計長三十五里中間以彭口閘為關鍵自彭口閘以北四里許東岸外有山河一道自此入運水大之時

橫穿運河而西由囊沙引渠入微山湖形如十字故名曰十字
河向只一河並無所謂新舊之分嗣以歷年久遠流沙噴壅河
道淤淺歲須撈挖勞費無已當事者建議於河之東岸外北自
西灣起南至彭口閘止改挑新河一渠仍缺山河入運口門水
大之時俾山河橫穿新舊兩河由囊沙引渠入微山湖形如雙
十字於是遂名新開之河為新十字河舊有之河為舊十字河
此新舊十字河之所由來也惟是河道雖改而山河之噴沙如
故新河之受沙如故年復一年河道之淤淺歲須撈挖勞費無

已仍如故迄今觀兩岸堆沙高如邱陵則當年運道之艱挑工之繁且鉅猶可想見迨漕運既停挑工亦僅當水小之時彭口閘下板無效往來船隻至此即空船亦須拔桅去篷撤鎖浮卸大艙多覓人夫極力推挽始能出淺而重船無論已光緒三十四年運河會辦某公有鑒於此欲爲一勞永逸之計適微山湖水小北面涸出乾灘遂建議於湖中築新河一道改運河入之以避十字河之艱上自夏鎮莊外運河西堤起下至郗山曹家水口運河邊止計長三十里於是新舊十字河之外又有新河

之目夫琴瑟不調改絃而更張之是也惟於湖中築河地勢既
屬不宜又兼失於測量但能導運河之水使入湖不能使運河
之水仍入運蓋郗山地勢本高新河之水不能仰注故也河成
後未及一年值湖水盛漲自南莊迆東二十餘里之堤埝皆深
沒湖底無復河形可指往來船隻雖得藉湖水以資浮泛而波
濤險惡遭風覆溺者既不一而足現在湖水消落曹家水口一
帶淤成斷港船行至此又非多方遶越不能出入水大之時則
如彼水小之時則如此此際欲修復堤工而湖中築河既非所

宜前車覆轍萬難再蹈欲濬深水口而郗山運河即從倒灌下流告竭航路立窮既不能挑又不能築反覆思維無法可施姑今如於無可補救之中思一變通之策惟有將舊十字河挑挖深通俾運河仍歸故道再於東岸十字口門築滚水埧一道以洩山河之盛漲即以禦山河之流沙再將彭口閘下至郗山十五里之河道淤淺者疏濬之堤埝殘缺者加培之似此辦法以新十字河為外府以宿沙則舊河無淤也以北運河為上流以注水則來源無竭也以彭口閘為關鍵以時啟閉則上下無淺也一

轉移閒不惟布帆安穩可以免湖中風浪之危抑且一水流通可以免運道斷絕之患計無有善於此者亦無有便於此者此南路運河有關航路亟宜籌辦之要工也

再自韓莊至台莊下八閘之河道河底既係砂礓地勢又屬建瓴河水小時浮送船隻專恃微山湖水為接濟但使各閘啟閉有法即可無虞淺阻前於宣統二年曾定有啟閉章程稟請行之尚屬有效茲將各閘啟閉日期表附呈一覽此間如果水小各閘均存有牌示即飭遵照辦理可

也此無關工程而有關航路亦救淺之必要也故併陳及

一濟甯縣境自魯橋入運之泗河宜分其水勢以救民田也查魯橋入運之水有三一曰西泗一曰東泗一曰白馬東泗白馬二河初本不於魯橋入運後以故道淤墊不能下達故白馬河自一孔橋西流至三孔橋入東泗河東泗河挾之西南流至魯橋與西泗河會而入運今入運之水但曰泗河而不及東泗白馬者從其朔而言耳白馬河發源於鄒縣之九龍山水勢微弱雖盛漲不為害東西泗河本為一水自張家橋北析而為二遂有東西

之分東泗河地勢較高惟盛漲時分西泗餘波平時無水特乾河耳惟西泗河為全泗所趨一遇盛漲源大流長波瀾壯闊上游堤埝既極單薄下游河身尤極狹隘而又有泗河涯石橋之過東圈裏莊河道之曲折至魯橋與東泗河白馬河會又為運河所阻急不得出而上游地勢東高西下又當首衝此仙家口陳家窰南北王莊一帶之西堤所以無漲不決者也決則南自魯橋北至趙村五六十里之民田同罹巨浸運河東岸北自石佛南至仲淺三四十里之官堤被其衝刷或決或殘亦鮮有完

者似此情形官民俱困問其原始父老無能詳悉但云此處不
見禾稼已十七年蓋受害之日久矣於是言治泗者或曰流水
之為物合則勢强分則勢弱宜將白馬河東泗河下流故道各
加挑濬使白馬河仍入獨山湖使東泗河仍由新挑河入運以
分西泗河之勢此一說也或曰五行之中惟土制水治水之道
全恃隄防宜將西泗河隄埝加高培厚以資捍禦此又一說也
不知獨山湖淤久經淤高即挑濬故道白馬河必不能入西泗
河自張家橋至魯橋不過二三十里泗河自陪尾山發源逕泗

水縣過兗州府金口閘至張家橋不下二三百里盛漲之水盈堤拍岸而來欲恃此二三十里之堤埝而加之培之使之就我範圍安瀾而順軌是猶夜郎不知漢大而欲與之角力而爭勝也多見其不知量也獨分東泗河一議尚為有見然但分之於下不分之於上將東泗不分而西泗之決自若東泗既分而西泗之決仍自若也蓋西泗河之病在下游尤在上游也今誠將東泗河普律挑挖深通使上承西泗分流之水下挾白馬來入之水由新挑河入運以分西泗下游之勢再於仙家口陳家窰

南北王莊一帶西堤擇地形便利最易開決之處建一減水壩如何家石壩或戴村灰壩之制水小則使其仍由魯橋入運水大則聽其漫壩而過再於壩外築減水河一道寬其溝渠高其隄埝使由新閘或新店入運以分西泗上游之勢夫下游分則去路暢矣上游分則來源減矣壩以內水無漲漲則衝決無虞矣壩以外水有收束則汎濫可免矣而再將縣城東關外蕭家壩一帶之民埝加培完固以免府河之漫溢而再將新閘以南至魯橋運河西岸之三滚水壩亦仿石壩或灰壩之制一律改

作以防運隄之潰決似此辦理既統顧而兼籌自有備而無患安見此數十里之狂瀾必不可挽桑田必不可變乎此濟甯縣境有關民田亟宜籌辦之要工也

一東平縣境自龐家口入黄之坡河宜減其水勢以澹沈菑也查東平縣之坡河即大清河東受戴村壩漫壩之汶水由鹽河逕縣城之北西流至張家口折而北出龐家口至東濟入海溯其原始本東平之利非東平之害也自銅瓦廂決黄河穿運以後盛漲之時龐家口爲黄水所阻坡河不得下注倒漾迴流黄

水又乘之南灌於是東平一帶遂成澤國然其初猶止鹽河一水尚未有運河之增入也迨南糧改折漕艘停運當事者利用運河之水以濟鹽船遂將運河自安山決入運河之入坡自此始而東平之受害亦自此深矣夏秋之間一片汪洋茫無涯涘縣城且被淹浸何論民田經冬水落趕種春麥庶救饑荒而夏雨稍早汶水一漲陽侯又至麥秋尚不可保安有大秋凡此情形問之居人已近四十年前清光宣之際以某某建議曾經籌撥鉅款於此擇高阜處所搶築圩堤大修圈堰以為與水爭地

之計後以大水暴至工未及半而止於是談河務者皆曰東平
之水患黃河為之人力無如之何欲去此患雖大禹復生不能
為計信已雖然不能去之獨不能減之乎不能減鹽河之水獨
不能減運河之水乎夫運河之水非人力決之使來者乎人力
既能決之使來人力即能排之使去今誠將安山以北至下十
里堡之運河故道酌加疏濬靳家口以北至紅沙灣之運河東
隄普加接修再於戴廟閘添設閘板再於運河入坡口門添建
閘座水小之時則閉戴廟閘啟新建之閘使運河仍由此入坡

以濟航路水大之時則閘新建之閘啟戴廟閘使運河全由下
十里堡入黄以免助坡為虐似此則坡河之水減矣減少一分
之水即多涸一分之田况運河之水大於鹽河所減又不止一
分乎又况因其故墟順彼常道操縱由我確實可行較之築圩
堤修圍埝與水爭地毫無把握猶擲黄金於虛牝徒勞無益者
更且相去倍蓰乎此東平縣境有關民田亟宜籌辦之要工也
再濟甯以南運河西堤外所有沈糧地畝原係前清乾隆
年間告沈免糧之地故俗呼此地為沈糧地該地跨濟魚

兩境之間上受金單曹定等十餘縣夏秋坡水下達南陽
昭陽微山等湖水大之年三湖水滿頂托倒漾該地之水
亦瀰漫汪濊終歲不見消落名為地實則湖也惟沈糧之
外即係民田既無堤岸之防遂有漫溢之患既有漫溢之
患即無有聽其漫而不救之理查沈糧地之水以下三湖
為歸墟下三湖之水以湖口閘為去路湖口閘誌樁從前
定制收水以一丈五尺為度以漕船重要非此不足以供
下八閘接濟航路之用故也現在漕運既經久停即無須

此大多數之水如於水大之年將湖口閘誌樁減收數尺臨時酌量湖河情形定準收水尺寸令管閘員弁遵照行之似此則下游之蓄水既少上游之去水必多而沈糧外民田之淹沒可減矣此無關工程而有關民田亦救災之必要也故併陳及

記五羊坡便民閘

此閘取名便民原為疏消坡水保護民田之用以倒廢年久已無閘形可指今年伏秋雨大五羊坡一帶積水無處宣洩當事

者據紳民籲懇遂有重建之議惟此處地形高於運河本有建
瓴之勢但使有路可通坡水自無難消涸誠於冬間將運隄開
一口門以通積潦上架木橋以便行人至春夏之交即行堵閉
以防河漲外溢不過數人一日之力耳如此辦理官無繁費民
免沈溺較之重建閘座似為省而易舉

記獲麟古渡

渡在大長溝村中按志載春秋西狩獲麟地在大野澤即今之
南旺湖距大長溝甚近故世稱此為獲麟古渡乾隆間運河同

知黄易繪濟州八景圖中有麟渡秋颿並為詩紀之即此

記蜀山湖

湖在運河東岸周圍六十五里一百二十步毗連濟甯汶上嘉祥三州縣境湖之北隄臨汶有永泰永安永定三外閘又有永泰永安永定三內閘內閘以外為渾水湖以內為清水湖伏秋汛內收汶河盛漲之水自外三閘入渾水湖俟其澄清再啟三內閘入清水湖收蓄之由西隄利運金線二閘洩以濟運南隄有馮家壩湖水有餘則聽其漫壩而去入馬場湖後以馬場湖

淤廢不能容水遂改垻為隄今仍名垻者從其始耳湖之中有山曰蜀山山之巔有寺曰蜀山寺寺之東四五里有莊曰鴨劉莊山命名蓋取爾雅釋山獨者蜀之義寺之建年月無可考莊則相傳築湖遷民時有劉姓者以養鴨得留其後遂成聚落云

記寺前柳林利運金線四閘

寺前閘舊名崇林閘柳林閘亦名十里上閘利運閘在寺前之北金線閘本在寺前之南乾隆二十五年移上十餘里建於柳林之北稽其舊制惟利運閘放水有兼濟南北之用餘三閘皆

專為接濟北運而設者也蓋以汶水既分而不足以捄北淺也
則建柳林閘以合之為北非為南也以汶水雖合而猶不足以
捄北淺也則建寺前閘藉利運閘之湖水以助之為北非為南
也以寺前既建而來源稍遠仍不足以捄北淺也則移金線閘
洩蜀山湖就近之水以速之為北非為南也由此言之是當時
汶水自南旺分流南七北三固屬毫無疑義而居濟一得乃有
欲改三分往南七分往北之說不知其有何依據宜張文端公
鵬翮以易言斥之也

記曾子故里

在寺前閘上運河西岸土地祠單閘迤北有述聖曾子故里碑為乾隆四十九年嘉祥縣知縣壽陽祁恕士所立按嘉祥縣志曾子祠在縣城南四里南武山之陽墓在祠西里許元寨山之東麓距此八十里　嘉祥縣即古武城子游弦歌地也

記分水龍王廟

廟在南旺分水口西岸上背湖面河棟宇壯麗廟門上為來汶樓登樓東望見汶水混混而來至磡岸下南北分流一決徐呂

一合漳衛來往帆檣不絕如織南者下水北亦順流闞此智津
實惟神力昔讀吳梅村過南旺謁分水龍王廟詩云平分泰山
雨雨使濟河風不至此不知其句之工也廟之北又有宋大王
白大王廟按運河備覽載永樂九年明臣工部尚書宋禮用老
人白英之計改分水口於南旺而於戴村築壩以遏汶流又自
戴村開河九十里至南旺規模方定偶以微過蒙督責以儒巾
治事旋命取材川蜀而明臣平江伯陳瑄即於是年經理漕渠
續成其功而與侍郎金純都督周長兼督其事功成後人遂於

南旺立祠祀陳瑄全純周長此後數十年止知其為陳瑄之功
並無有知其為宋禮之功者故明文淵閣大學士邱濬過南旺
有詩曰清江浦上臨清牐簫鼓叢祠飽飯餘幾度會通河上過
更無人說宋尚書謹身殿大學士李東陽亦有詩曰文皇建都
向幽薊中導汶泗通漕綱尚書宋公富經略世上但識陳恭襄
二公之詩皆紀實也宏治十七年工部侍郎李鐩題請表彰宋
禮白英之功其後又經工部尚書張昇等具題至正德六年又
經工部尚書費宏具題奉旨是宋禮等既有功於運道准立祠

致祭於是數十年後始知為白英之計宋禮之功也　宋謚康
惠雍正四年封寧漕公白封永濟之神

記大野澤

有石碣在五里堡迆北運河西岸上鐫古大野澤四字半沒於
土外即南旺湖按大野即鉅野秦末彭越嘗漁鉅野澤中為盜
即此宋時與梁山濼匯而為一周圍三百餘里初與蜀山馬踏
本為一湖自漕渠貫其中遂分為二蜀山馬踏為東湖南旺為
西湖明代築南旺湖隄周圍九十三里於五水櫃之中最當要

會測其地形與任城太白樓齊蓋南北運道之脊也中開大渠與隄並長復縱橫穿小渠二十餘道聯絡引水以備濟運今則湖身日淤彌望民田舊制不可復問矣

記闞城

即今之觀音堂東野志魯憶桓以下九公墓俱在闞城泉河史云高阜六七有時水際見烟雲樓臺之狀今不聞有此異矣

記靳口至安山河道隄工

西岸為民埝隄均完整東岸官隄與民埝相間自靳口至大壩

尙有隄自大壩王偲口王仲口界碑臺常仲口一帶略有隄形自常仲口至安山則內河外坡一片迷漫無隄可指矣近數年來每於春間坡水涸落之時沿河築一土埂寬不及丈高僅三二尺名曰子埝河水一漲任其隨波逐流而去不知是何作用將以通縴路耶而坡水涸落徧地乾灘人跡往來無憂泥濘不必埝也將以東河水耶而春間水小河流微弱水不盈科埂之無益無須埝也將以禦坡水耶而高僅如此寬僅如此陽侯一至輙付東流何取埝也而猶年復一年為之不已殊為糜費明

春應將此工停辦以資節省俟款有餘裕仍以規復大隄為是

記宋江碑

碑在安山北四里運河西岸上相傳宋江嘯聚梁山時此其往來過渡處夫宋江何人過渡何事而至健羨為之勒碑碩石有知能不愧憤此與高唐之盜跖塚竟有祈祀之者同一可笑然亦足見此間盜風之盛有由來矣

記道館

十里堡閘東有關帝廟廟後為道館當日運河道送漕處也室

三楹四壁僅存周覽一過不勝今昔之感

記戴村壩

壩通長一百二十六丈八尺北曰玲瓏南曰滚水中曰亂石壩身甃砌大石渾實堅緻一氣銜接名雖有三其實一壩汶河自松山之麓奔注而來而此壩如長虹截澗遏之使南入分水口俾運河至今有南北通行之利非古人之富於經略安能使萬斛泉源就我範圍如此哉陸放翁視築隄詩我登高原相其衝一盾可受百箭攻蜿蜿其長高隆隆截如長城限羌戎真可移

為此壩讚矣壩之中有石壘二名曰磯心垛脊高出壩面一二尺遥遥對峙形如釣臺壩之北為太皇隄臨河砌石背後實以沙土高二丈六尺長二百六十六丈有奇隄之北為三合土壩長八十三丈高七尺五寸功用與戴村三壩等特有土石之異耳

記戚城部城

夏鎮運河東岸有戚城頹廢已久城基僅存泇河同知署在其中考戚城即後漢之廣戚縣城城迤南二里許大王廟側有姜

肱故里碑按後漢姜肱傳姜肱字伯淮彭城廣戚人註廣戚故城今徐州沛縣東夏鎮距沛縣四十里沛縣在其西故知此戚城即後漢之廣戚縣城西岸有部城以明時用部臣治漕駐節於此故名城中有三絕碑徐階譔文周天球書并篆額後人重之遂稱三絕云

記新河始末

光緒三十四年運河會辦県公於微山湖中開新河一道北自夏鎮運河邊起南至郗山運河邊止計長三十里其方位則自

夏鎮至南莊爲子午向自南莊至郗山爲震兌向其形勢則兩首高仰中間低窪如世俗所謂月牙河者然其規畫則全河皆取闊勢取直勢惟於將近郗山處則取狹勢取曲勢遠不過里許而驟作斗灣如之字如鵞項者凡三四此外如隄工則以地勢爲進退其地之隆然高者則堰之窊然下者則缺之問其所以曰恐十字河之衝決也又於河外濬一渠長數百丈名曰通湖引渠問其所以曰以通湖船之出入也河既成某公欲急於避十字河之艱而著新河之效不待閘工之成輒將運河掘入

而水性趨下沛然莫禦盡從所謂通湖引渠者滔滔以去而上
流告竭矣由是衆口譁然咸謂新河果不足用某公至此亦束
手無策惟有仍將運河堵閉付之無可如何而已嗣經丁培軒
觀察極力維持爲添建閘座以資擎托接築子埝以事彌縫工
竣後於宣統元年六月始能開河放船而爲日無幾十字河山
水大至又將子埝衝成缺口十七處於是漏竇愈多益難收拾
至宣統二年五六月間湖水大漲瀰漫浩瀚一望汪洋全河已
深沒湖底添建之閘僅露兩耳而若者爲隄若者爲埝若者爲

子午震兑向若者爲月牙之字鶩項形皆不可復識矣此河縻
帑十餘萬通船僅一年一遇波臣遽爲水國虚牝黄金輕於一
擲謀之不臧真同鑄錯孰爲爲之孰令致之可爲浩歎

記楊公祠三公祠

萬年閘東岸有楊公祠祀乾隆時漕運總督楊勤慤公錫紱又
有三公祠祀舒應龍劉東星李化龍皆明時開泇有功者也舒
字時見全州人劉字子明沁水人李字于田長垣人

清宣統元二年冬恭侍本道憲漁川吴公巡視河道公命

淩雲將隨閱湖河閘埧隄埝等工程沿革廢興得失利弊
仿古人行程記之例按日記述具稿呈閱經公筆削録成
一冊命曰巡河紀要兩次所紀不下數十百事稿久散佚
癸丑來京後偶於廢楮中檢得以上所記十數紙因命兒
子坿録於此非敢謂一知半解有關體要特以爾時筆墨
皆從足到眼到心到而來不忍竟等弁髦且藉以志公之
知遇於不忘云爾民國二年七月十三日